画懂科学

50条化学原理

用 化 学 法 则 揭 示 物 质 规 律

戴　升…………主编　　张天琦…………绘

華東理工大學出版社
EAST CHINA UNIVERSITY OF SCIENCE AND TECHNOLOGY PRESS
·上海·

图书在版编目（CIP）数据

画懂科学：50条化学原理 / 戴升主编；张天琦绘.
上海：华东理工大学出版社, 2025. 6. -- ISBN 978-7
-5628-7808-7

Ⅰ. O6-49

中国国家版本馆CIP数据核字第2025WK7779号

《50条化学原理》编委会

主　　编 / 戴　升

编　　委 / 陈　琳　谭依涵

画懂科学 · 50条化学原理

策划编辑 / 曾文丽　郑　逸

责任编辑 / 刘　颖

责任校对 / 陈婉毓

装帧设计 / 王　翔

插　　图 / 张天琦

出版发行 / 华东理工大学出版社有限公司

地　址：上海市梅陇路130号，200237

电　话：021-64250306

网　址：www.ecustpress.cn

邮　箱：zongbianban@ecustpress.cn

印　　刷 / 上海盛通时代印刷有限公司

开　　本 / 710 mm × 1000 mm　1/16

印　　张 / 10.5

字　　数 / 184千字

版　　次 / 2025 年 6 月第 1 版

印　　次 / 2025 年 6 月第 1 次

定　　价 / 50.00元

前　言

化学是一门揭示物质本质的科学，它从微观的原子、分子到宏观的物质变化，为我们理解世界提供了独特的视角。从生命起源的奥秘到新材料的创制，从能源转换的机理到环境治理的方案，化学原理始终是破解这些时代命题的核心密码。《50 条化学原理》的诞生，正是希望以 50 个精粹的化学原理为棱镜，让读者透过其中的科学之光，窥见物质世界折射出的璀璨光芒。这些基础理论与核心概念，既是化学殿堂的基石，更是我们认识自然、改造世界的重要工具。

本书涵盖了六大基础知识板块：“物质的结构”揭示微观世界的建构法则；“化学反应与平衡”诠释动态变化的守恒之道；“化学热力学”解读能量转换的基本规律；“水、溶液和胶体”探索分散体系的独特性质；“电化学”破译电荷转移的奥秘；“有机化学”展现碳基分子的无限可能。我们遴选了 50 条最具代表性和实用价值的化学原理，采用通俗生动的语言进行阐释，并配以直观形象的图示说明，使读者不仅能够轻松掌握科学知识，更能够深刻理解其在日常生活和科研实践中的具体应用。值得一提的是，本书特别设置了“历史盲盒”和“中国智慧”两大特色专栏：前者通过讲述科学家的探索故事及其所处的文化背景，展现科学精神的人文内涵；后者则探讨这些化学原理与中国传统文化的关联，以及它们在中国科技发展中的应用实践。

衷心感谢华东理工大学出版社各位同仁为本书出版倾注的心血与智慧！特别感恩广大读者长期以来的支持与厚爱，前作《118 化学元素》收获的每一份肯定和鼓励，都化作我们继续打造“画懂科学”系列的动力源泉。虽经反复推敲，然学海无涯，书中难免存在疏漏之处，恳请专家学者和读者朋友们斧正指教。

愿这本书能为您开启一段奇妙的化学探索之旅，发现更多的科学之美与求知之乐！

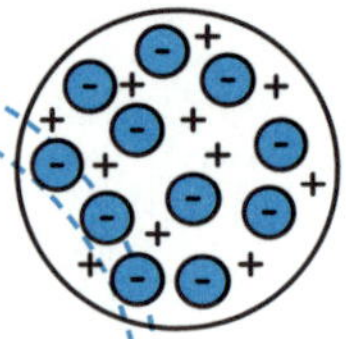

第一章

物质的结构

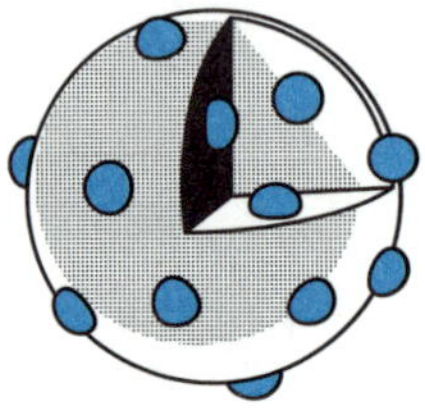

1 道尔顿原子论 / 道尔顿 / 2

2 汤姆孙原子模型 / 汤姆孙 / 5

3 卢瑟福原子模型 / 卢瑟福 / 8

4 玻尔原子模型 / 玻尔 / 11

5 电子云模型 / 薛定谔 / 14

6 质子、中子与电子 / 查德威克 / 17

7 元素周期表 / 门捷列夫 / 20

8 夫琅禾费线 / 夫琅禾费 / 23

9 同位素 / 阿斯顿 / 26

10 共价键 / 路易斯 / 29

11 离子键 / 科塞尔 / 32

12 阿伏加德罗定律 / 阿伏加德罗 / 35

13 范德华力 / 范德华 / 38

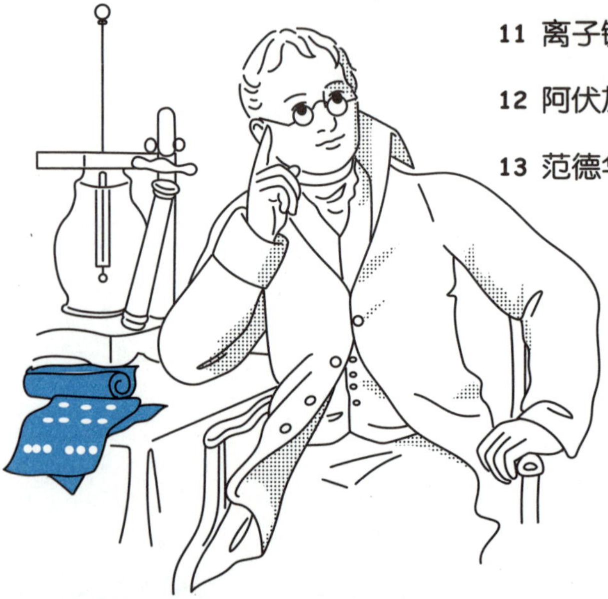

第二章

化学反应与平衡

14 质量守恒定律 / 拉瓦锡 / 42

15 化合价 / 弗兰克兰 / 45

16 阿伦尼乌斯方程 / 阿伦尼乌斯 / 48

17 勒夏特列原理 / 勒夏特列 / 51

18 催化剂 / 奥斯特瓦尔德 / 54

第三章

化学热力学

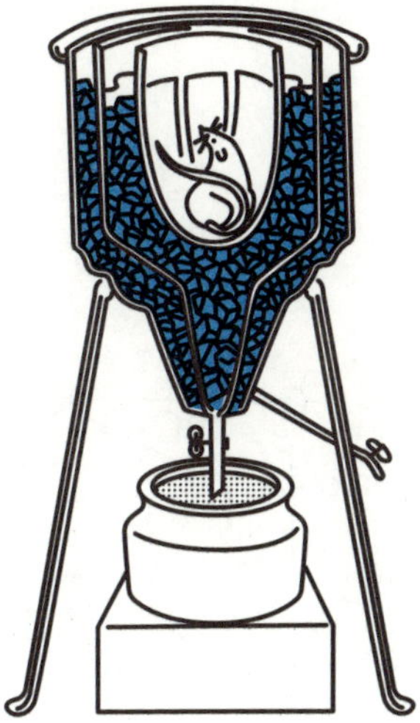

19 反应热 / 拉普拉斯 / 58

20 热力学第一定律 / 焦耳 / 61

21 盖斯定律 / 盖斯 / 64

22 焓 / 昂内斯 / 67

23 熵 / 克劳修斯 / 70

24 热力学第二定律 / 汤姆孙 / 73

25 吉布斯自由能 / 吉布斯 / 76

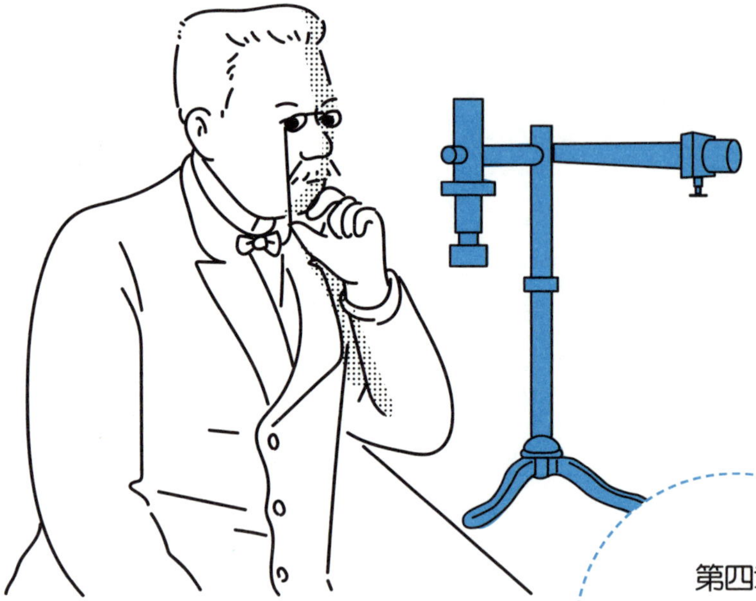

第四章

水、溶液和胶体

26 电离理论 / 阿伦尼乌斯 / 80

27 电离平衡 / 奥斯特瓦尔德 / 83

28 酸与碱 / 波义耳 / 86

29 pH / 索伦森 / 89

30 当量定律 / 里希特 / 92

31 沉淀溶解平衡 / 勒夏特列 / 95

32 布朗运动 / 布朗 / 98

33 丁达尔效应 / 丁达尔 / 101

34 胶体稳定性理论 / 德查金 / 104

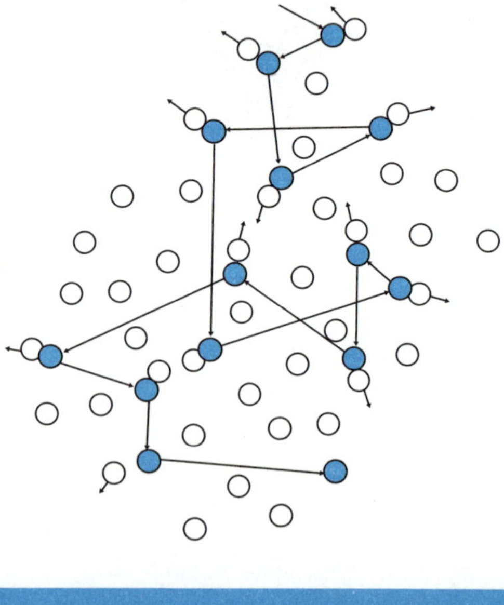

第五章

电化学

35 伏打电堆 / 伏打 / 108

36 电解 / 戴维 / 111

37 电镀 / 布鲁纳特利 / 114

38 燃料电池 / 格罗夫 / 117

39 锂离子电池 / 古迪纳夫 / 120

40 法拉第电解定律 / 法拉第 / 123

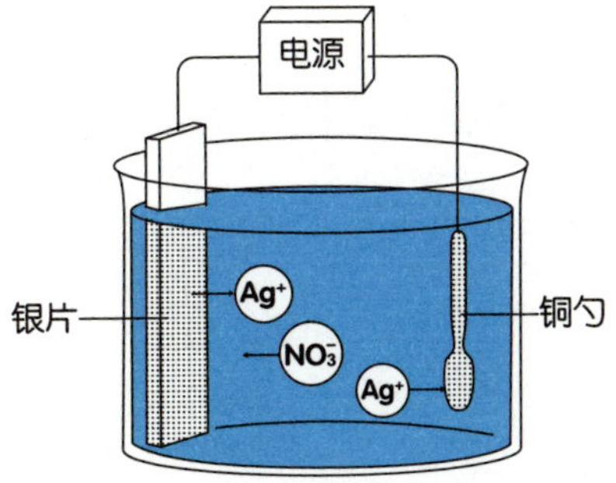

第六章

有机化学

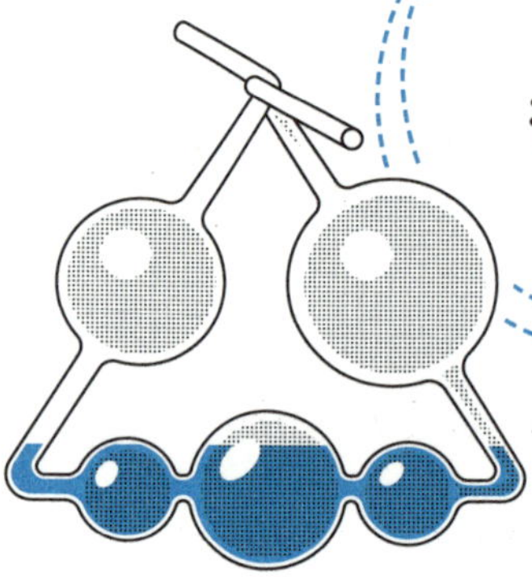

41 有机化合物 / 维勒 / 128

42 元素定量分析 / 李比希 / 131

43 同分异构体 / 贝采利乌斯 / 134

44 碳价四面体学说 / 范托夫 / 137

45 官能团 / 洛朗 / 140

46 手性结构 / 巴斯德 / 143

47 烷烃 / 肖莱马 / 146

48 苯环结构 / 凯库勒 / 149

49 羧酸 / 科尔贝 / 152

50 高分子链学说 / 施陶丁格 / 155

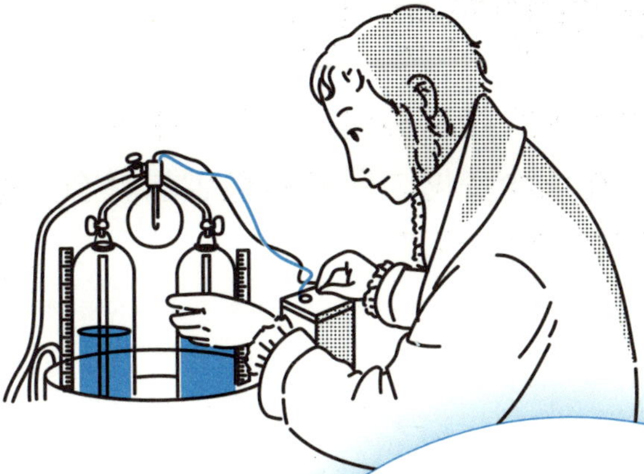

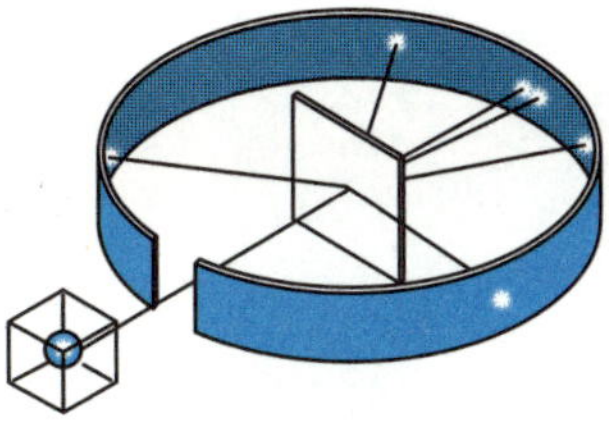

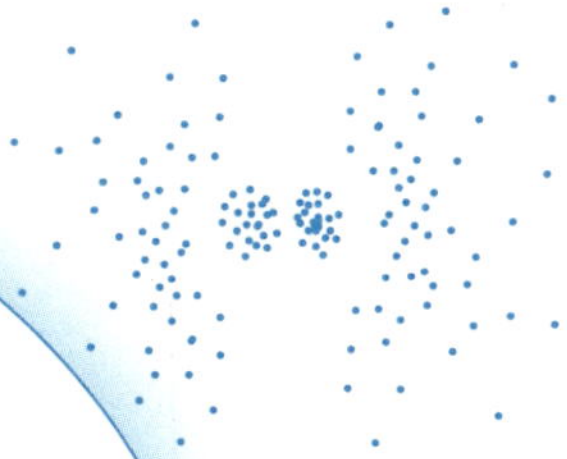

第一章

物质的结构

揭示微观世界的建构法则

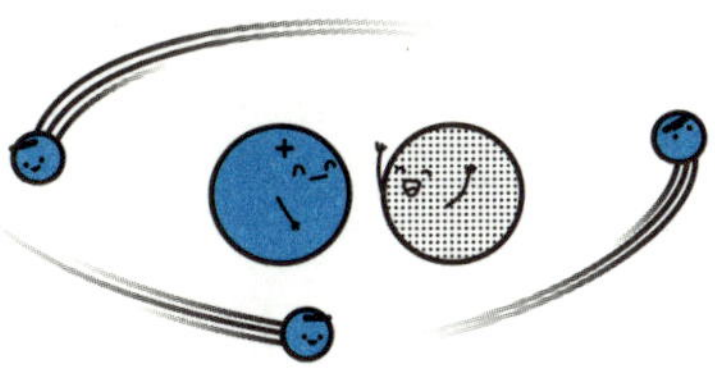

道尔顿原子论 —— 道尔顿

物质世界的最小单位是原子，原子是不可被分割的，在化学变化中保持着稳定的状态。每种元素都有其特定的原子。

姓　名　道尔顿（John Dalton，1766—1844）

国　籍　英国

贡　献　提出气体分压定律；创立倍比定律；首次提出物质由原子构成

原理解读

世界由什么构成？

你是否想过，一块石头、一滴水，甚至一团空气，究竟是由什么组成的？古希腊时，哲学家德谟克利特就提出了“原子”这个概念，认为世界由无数个微小、不可再分的颗粒构成。但直到 19 世纪初，英国科学家道尔顿才用实验和推理支持了这一理论，正式提出近代原子论。

道尔顿的实验：化学反应中的恒定质量比

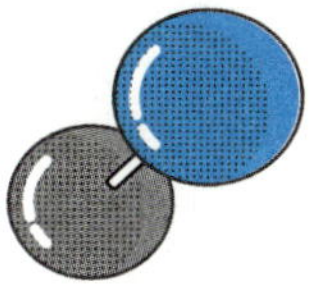

一氧化碳

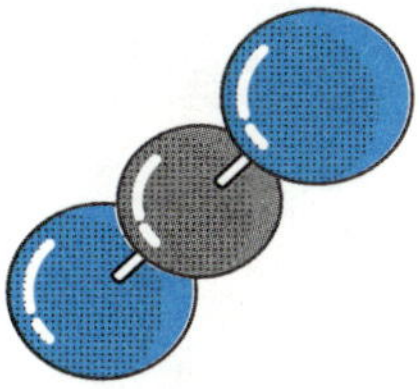

二氧化碳

道尔顿是忠实的气象爱好者，他在研究气体时发现，不同化合物中的元素质量比往往成简单整数比。例如，一氧化碳和二氧化碳都是由碳元素和氧元素组成的。一氧化碳（CO）中，碳元素和氧元素的质量比约是 1∶1.33；二氧化碳（CO_2）中，碳元素和氧元素的质量比约是 1∶2.66。这两种不同的气体中，氧元素的质量比恰好是 1∶2！他还发现，水总是由氢元素和氧元素按 1∶8 的比例组成，无论是在河流、湖泊还是化学实验室里，这一比例始终不变。这表明物质是由基本单位组成的，并且这些原子以固定的整数比例组合形成化合物。

原子结构模型的演变

为了形象化“原子”的概念，道尔顿提出了“原子小球模型”，他认为原子是坚实、不透明的球体，不同元素的原子具有不同的大小和质量。今天，我们已经知道原子是可再分的，由原子核和电子组成，原子核又可以再分为质子和中子……但道尔顿的原子论仍然是化学世界的基石，后来的科学家们在原子论的基础上提出不同的原子结构模型，我们对原子的认识也不断深化。

原子不可再分

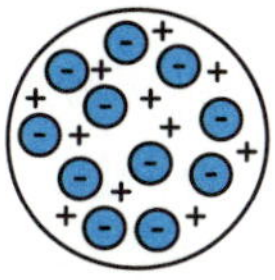

发现电子

发现原子核

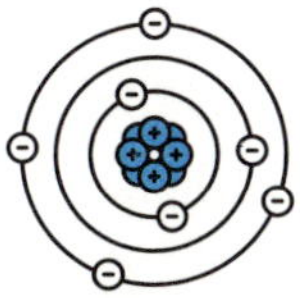

电子轨道模型

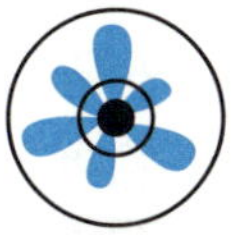

电子云模型

知识沉淀

原子论

物质由不可再分的微小粒子（原子）构成。在化学变化中，不同原子以简单整数比互相结合，结合物的质量等于所含原子的质量之和。

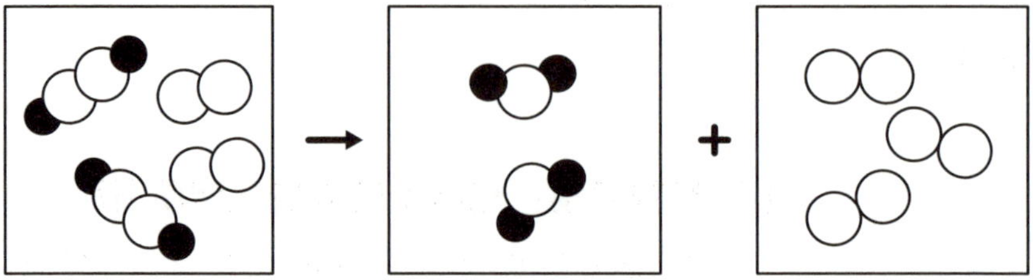

我国古代哲学家墨子提出了“端”的观点，他认为物质可以不断分割，直到无法再分时便得到“端”，这与原子论的思想不谋而合。

——在您的时代，是不是大多数科学家都是贵族出身？

道尔顿：确实如此。18 世纪末的英国科学界，几乎被穿着丝绸马甲的绅士们垄断。我出生在坎伯兰郡一个贫苦的织工家庭，12 岁就在乡村小学教书谋生。很多简陋的实验器具都是我亲手制作的。白天教完书，我总要在烛光下记录气体实验的数据。有一次，我为了观察甲烷燃烧，差点把眉毛都烧光了！但正是这些在贫寒中坚持的实验，最终让我发现了倍比定律，为原子论奠定了基础。

——听说色盲症还是以您的名字命名的呢！

道尔顿：也许大家都听过我通过一双“棕色”袜子，发现自己是色盲患者的故事。其实，我是在研究植物的时候发现的。我对色盲问题进行研究，还发表了论文《论色盲》，成为世界上第一个提出色盲问题的人。所以色盲症又叫“道尔顿症”——这倒让我从未想过！

历史盲盒

汤姆孙原子模型

汤姆孙

原子是一个电中性的小球，正电荷均匀分布在球体内部，带负电的电子就像葡萄干一样嵌在球体中，从而达到电荷平衡。

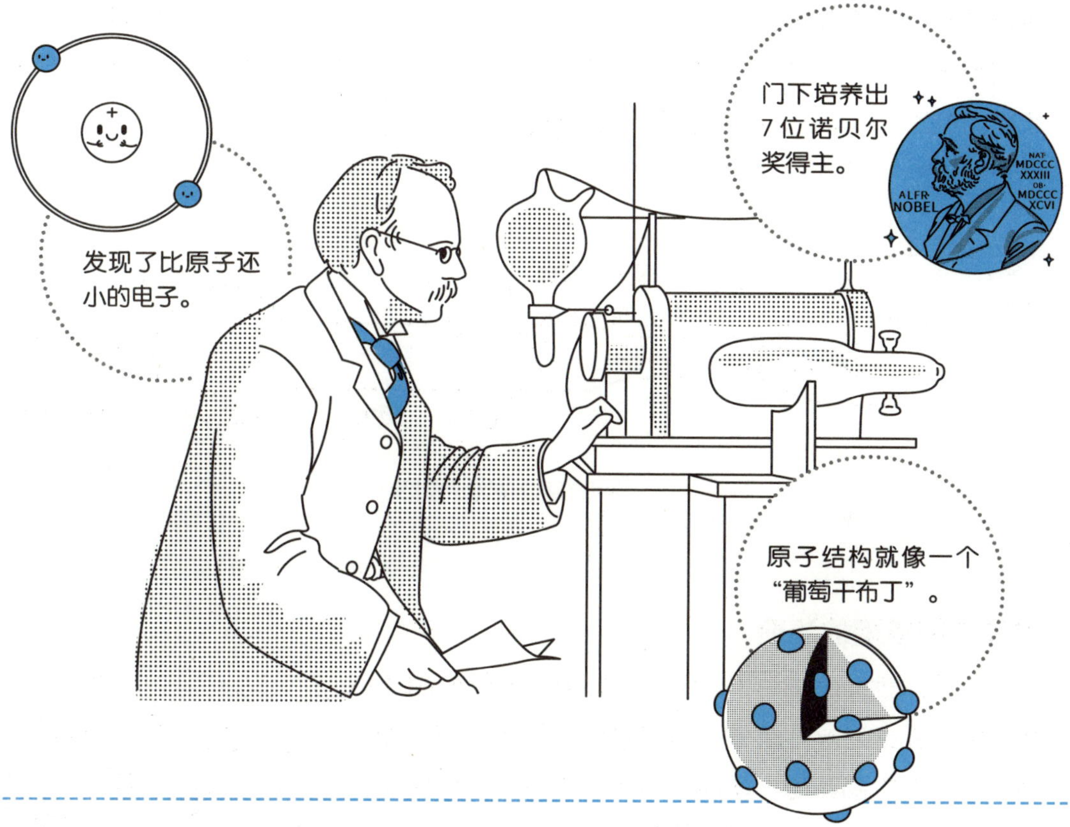

姓　名　汤姆孙（Joseph John Thomson，1856—1940）

国　籍　英国

贡　献　推翻了“原子不可再分”的旧观念，发现电子；提出了汤姆孙原子模型；发现了钾的天然放射性和氖同位素

原理解读

汤姆孙的实验：神秘的阴极射线

19 世纪末，科学家们普遍认为原子是构成物质的最小“不可分割”的粒子，但事实果真如此吗?

1897 年，汤姆孙设计了一个高度真空的玻璃管装置，并在管内装上电极（阴极和阳极）。通上高压电的真空玻璃管突然迸发出幽灵般的蓝色阴极射线。为了探究射线的性质，他在管内增设了可产生电场的金属板，同时在管外施加磁场。

结果显示，阴极射线在电场或磁场中会发生偏转，且偏转方向表明射线的组成粒子带负电。更巧妙的是，他通过调整电场和磁场的强度，让两种力相互抵消，使射线恢复直线运动。借此，汤姆孙计算出了射线中粒子的电荷与质量比，发现这种带负电的粒子的质量还不到氢原子质量的 $\frac{1}{2000}$ ！

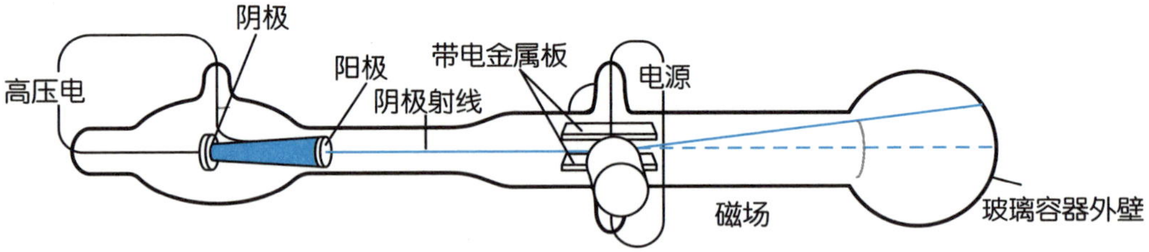

真空玻璃管装置示意图

电子结构模型的演变

汤姆孙的实验证明了：电子带负电，是任何原子的基本组成部分之一，原子不再是物质的最小单位。为了揭开原子的内部奥秘，汤姆孙提出了著名的“葡萄干布丁模型”：原子像一块圆圆的布丁（带正电的主体），里面均匀镶嵌着会“跳舞”的葡萄干（带负电的电子）。尽管后来科学家发现原子核才是真正的核心，电子其实在绕着原子核高速运动，但汤姆孙的模型打破了“原子不可再分”的神话。

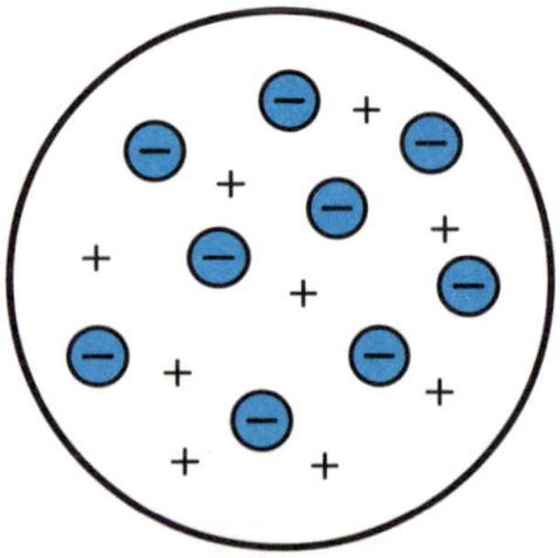

葡萄干布丁模型

知识沉淀

电子

构成原子的基本粒子之一，带一个单位负电荷，符号为 e 或 e^-。电子的运动状态和排布方式直接决定了原子的化学性质。

想一想

汤姆孙认为原子是均匀带正电的“布丁”，电子像葡萄干一样镶嵌其中。这一模型如何解释摩擦起电现象？这意味着这个模型有什么缺陷？

——听说您当年在实验室经常将生活废品转化为科研利器？

汤姆孙：那时候，我们实验室里很多设备都是用“破烂”做成的。记得 1897 年那个关键的电子发现实验，整个装置都是东拼西凑来的——用自行车辐条做的支架、用饼干盒改装的电极室，甚至用发卡来固定导线。虽然现在看起来寒酸，但正是这些“变废为宝”的智慧，让我们在科研条件简陋的年代也能取得突破性发现。

——大家都称您为“天才导师”，您有什么独特的教育方式吗？

汤姆孙：年轻的卢瑟福刚来时，我就由着他把整个阴极射线装置拆得七零八落。结果呢？他不仅原样装了回去，还改进了真空系统。关键是要给学生“犯错的权利”。真正的天才不是教出来的，而是要给他们一片可以自由探索的天地。我的任务就是确保这片天地够大、够自由，哪怕要为此修好无数被拆坏的仪器！

历史盲盒

卢瑟福原子模型

卢瑟福

原子中心存在微小致密的核，原子核带正电，集中了原子几乎全部的质量。电子围绕原子核高速运动，类似行星绕太阳运动，故称“行星模型”。

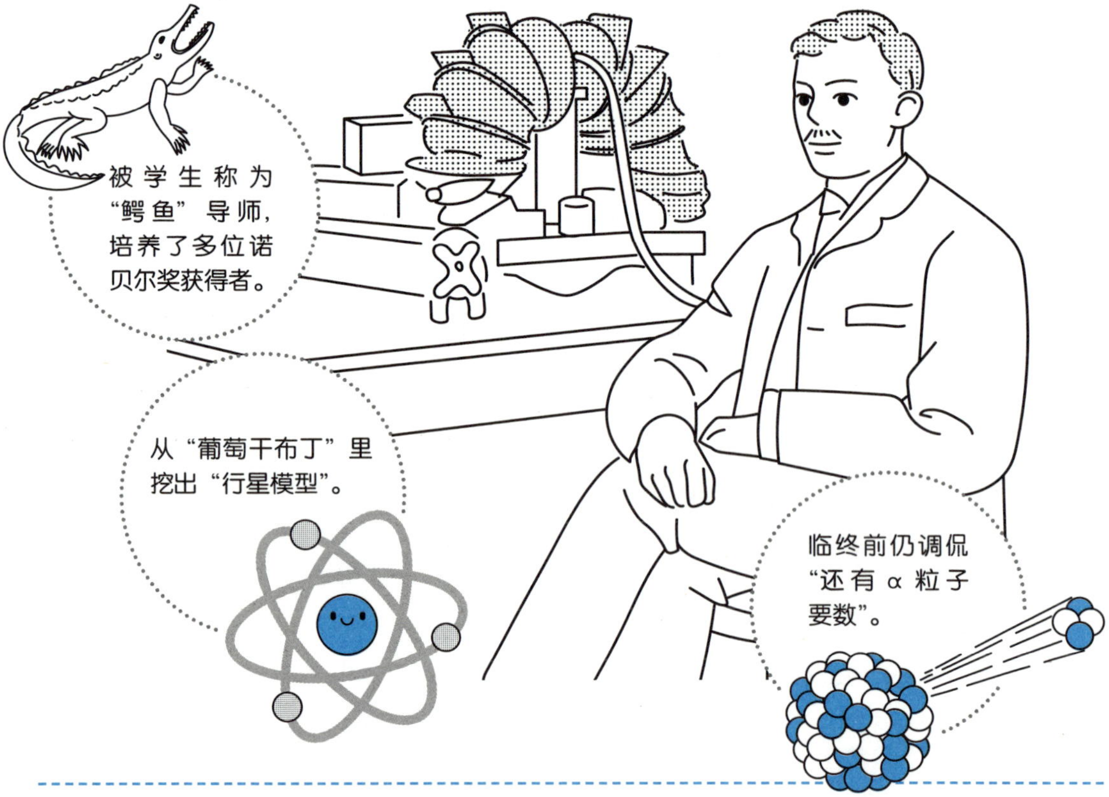

姓　名　卢瑟福（Ernest Rutherford，1871—1937）

国　籍　英国

贡　献　提出原子的“行星模型”；首次实现人工核反应；发现放射性衰变规律并命名 α 射线和 β 射线

原理解读

正电荷藏在哪呢？

20 世纪初，科学家们普遍认为原子是一个均匀的正电荷球体，电子则像葡萄干一样嵌在里面，也就是汤姆孙提出的"葡萄干布丁模型"。

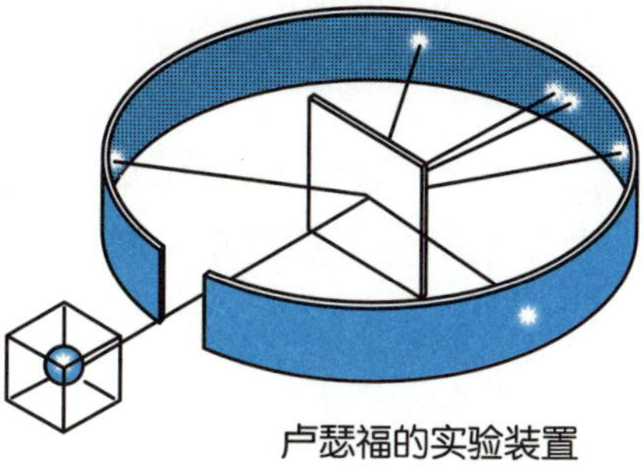

卢瑟福的实验装置

为了验证这个理论，卢瑟福和他的学生们做了一个精妙的实验：用 α 粒子（带正电的微小粒子）轰击极薄的金箔。按照"葡萄干布丁模型"的预测，这些 α 粒子应该会轻松穿过金箔，最多发生轻微偏转，因为正电荷是均匀分散的，不会对 α 粒子产生很强的排斥力。

但实验结果让所有人都大吃一惊：虽然大多数 α 粒子能穿过金箔，但约有 $\frac{1}{8000}$ 的 α 粒子发生了大角度偏转，甚至被直接反弹。这个结果完全超出了基于汤姆孙模型的预期——就像用炮弹轰击薄纸，炮弹却被弹回一样不可思议。

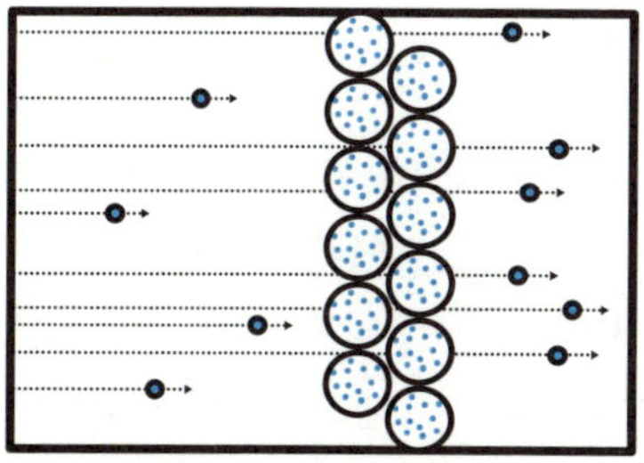

预测的 α 粒子运动轨迹

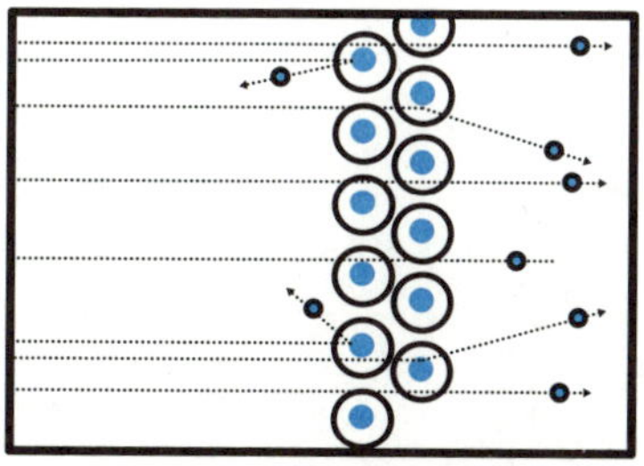

实际的 α 粒子运动轨迹

原子的行星模型

这个出人意料的实验结果彻底推翻了汤姆孙的模型。卢瑟福意识到，只有原子中的正电荷和质量高度集中在一个极小的核心——原子核中，才能产生足够强的排斥力，将部分 α 粒子反弹回来。于是，他提出了"行星模型"：原子中心是一个极小却致密的原子核，电子则像行星绕恒星一样绕着原子核运动。这一模型彻底改变了人们对原子结构的认识。原子核带正电，其体积只占原子的十万分之一，却集中了整个原子几乎全部的质量。这种极高的电荷密度，使得靠近的 α 粒子会受到强大的电场作用，被猛烈地推开甚至反弹。

知识沉淀

原子核

位于原子的核心部位，集中了原子的全部正电荷和大部分质量，而体积只占原子的十万分之一。

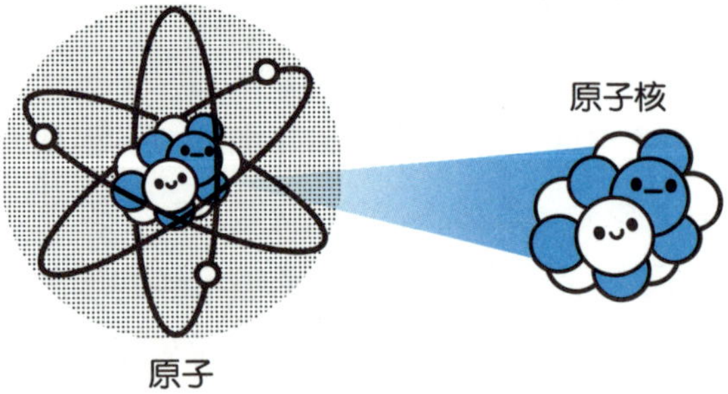

对原子核的研究，正是现代核电技术的关键所在。中国自主研发的第三代核电技术（如“华龙一号”）已实现规模化应用，我国核电发电量占比达 5%，计划 2035 年提升至 10%。核裂变技术的可控性与高效性为实现“双碳”目标提供关键支撑。

中国智慧

——您总是被称作“鳄鱼”，这绰号是怎么来的？

卢瑟福：我从小家境贫寒，通过自己的刻苦努力才完成了学业，可能是这段艰苦求学的经历培养了我一种认准了目标就勇往直前的精神。因此，我的一个学生为我起了一个绰号——鳄鱼，甚至还在我的实验室门上画了条鳄鱼！其实我还是挺喜欢这个绰号的，搞研究就得像鳄鱼——咬住了就别松口！

——听说您获得诺贝尔化学奖时还调侃自己“跨界”成功呢！

卢瑟福：是啊，当时我整天不是在数荧光屏上的闪烁点，就是在计算粒子的偏转角度——这怎么看都是纯粹的物理实验啊！结果我居然获得诺贝尔化学奖。后来我在颁奖晚宴上说：“我这辈子见过最快的元素转变，就是诺贝尔委员会把我的物理研究变成了化学发现！”不过，科学本就不该有边界，能推动人类认知进步才是最重要的。

历史盲盒

玻尔原子模型——玻尔

原子内部的电子在某些特定的、分立的轨道上绕原子核运动。不同轨道上具备特定的、不连续的能量值。

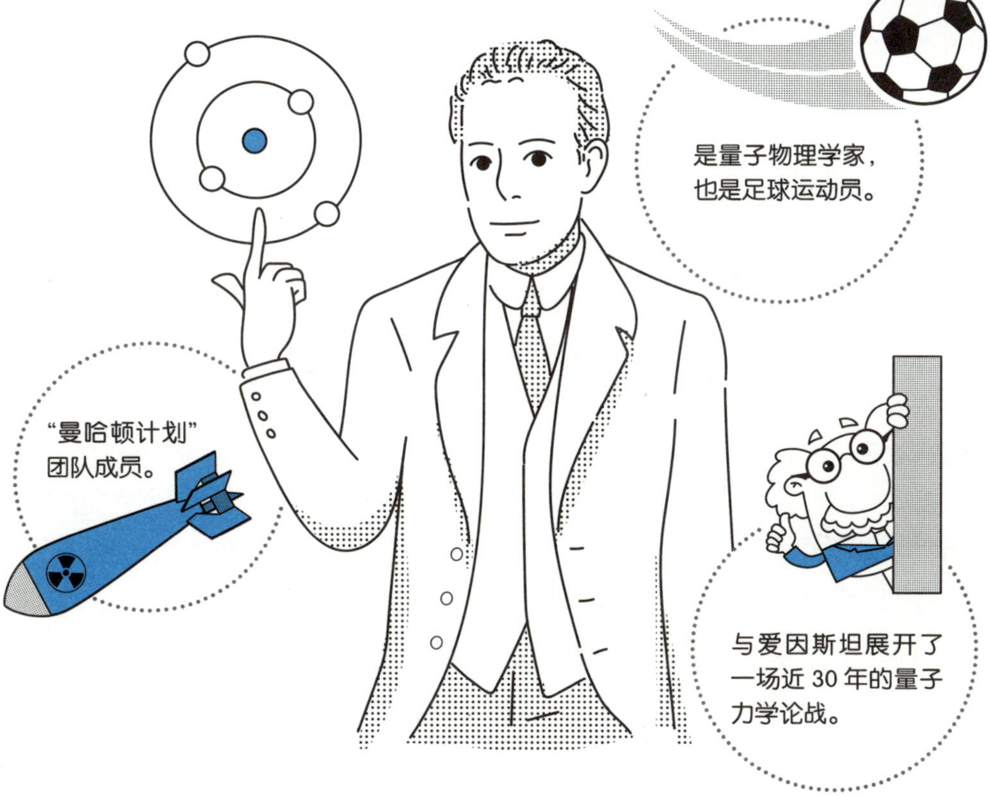

姓　名　玻尔（Niels Henrik David Bohr，1885—1962）

国　籍　丹麦

贡　献　提出玻尔原子模型；首次将量子概念引入原子系统；领导哥本哈根学派推动量子理论发展

原理解读

原子世界的规则

卢瑟福的原子模型，让人们第一次想象到原子具有像太阳系那样的结构：电子像行星一样绕着原子核旋转。但这马上引出了一个问题——按照经典电磁理论，电子会一边旋转一边不断释放能量，最后就会像坐上旋转滑梯一样掉进原子核里。可实际情况是，原子的结构非常稳定，电子好像被某种无形的力量固定在轨道上。就在这时，年轻的玻尔提出了新的想法。

卢瑟福原子模型

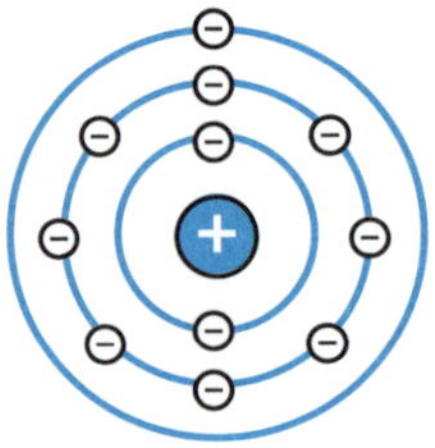
玻尔原子模型

玻尔的“量子化”灵感

玻尔用高压电激发氢原子，氢原子得到能量后，就进入一种不稳定的“激发”状态，会以光的形式释放能量。玻尔将这些光按波长绘制成图，得到了氢原子的特征光谱，每条亮线都对应着氢原子释放的能量数值。他惊奇地发现，这些亮线的波长都能用数学公式准确算出。受到普朗克量子假说的启发，玻尔意识到：原子内部的结构很可能也是量子化的。

“爬梯子”的电子

我们可以把电子在轨道上的运动想象成爬梯子。稳定的电子会始终在一个轨道上绕核运行，类似于停在了梯子上的某一级，我们称这种状态为定态。而当电子吸收了特定值的能量时，它就变得“不安分”了，想要跳到离原子核更远的轨道上，就像往上爬了一级梯子。同样，当电子失去能量时，会跳到离核更近的轨道上并同时放出光子。这种在轨道间的跳跃，叫作电子的跃迁。电子不会跃迁到两个轨道之间，就像爬梯子时，不能踩在两级之间，否则会一脚踏空。

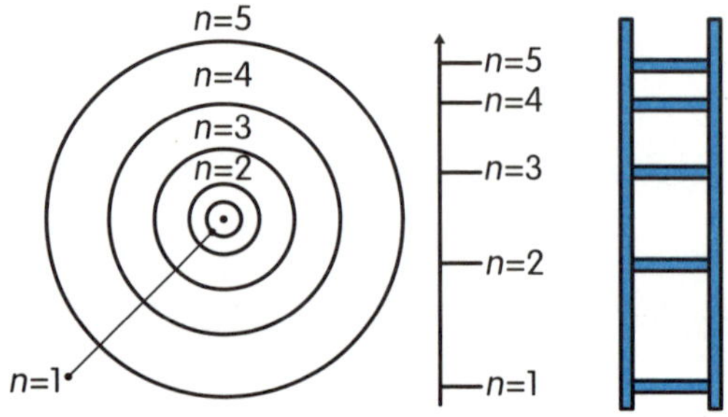

电子跃迁就像爬梯子

知识沉淀

玻尔原子模型

电子在原子核外空间的特定轨道上绕核做高速圆周运动，离核越远，能量越高，此时不会辐射能量。当电子从一个轨道跃迁到另一个轨道时，会吸收或释放能量。

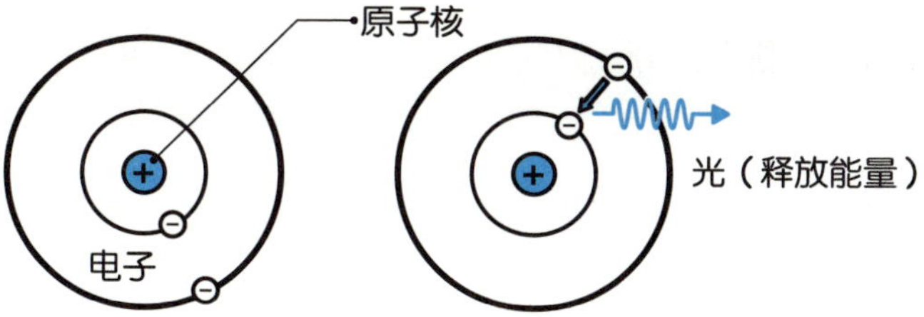

想一想

玻尔原子模型与卢瑟福的“行星模型”有什么不同？

——大家都说您是物理学家里最会踢球的，同时也是足球运动员里最懂物理的？

玻尔：我出生在一个文化教育与体育运动并重的家庭，弟弟踢球可比我强。有一次比赛时，我们丹麦队实力太强，球很少“光顾”我们的球门，我这个门将甚至“神游”解起了数学题。谁料对手的一个飞踢，球径直飞了过来，幸亏观众大喊提醒，我才瞬间回神守住了这一球。连我获诺贝尔奖时，丹麦的报纸都报道，“著名足球运动员尼尔斯·玻尔获得诺贝尔物理学奖”。

——听说您和爱因斯坦的“关系不好”？

玻尔：我和爱因斯坦关于量子力学的论战持续了几十年，其间我们互写了上万字的反驳信。但我不得不承认，爱因斯坦是一位值得尊敬的科学家，没有他的质疑和反驳，就不会有我如今相对成熟和完善的理论研究。

历史盲盒

电子云模型——薛定谔

电子没有确定的运动轨迹，而是以概率形式分布在原子核周围。电子在原子核外出现的高概率区域形成“电子云”，云密度反映电子出现的概率。

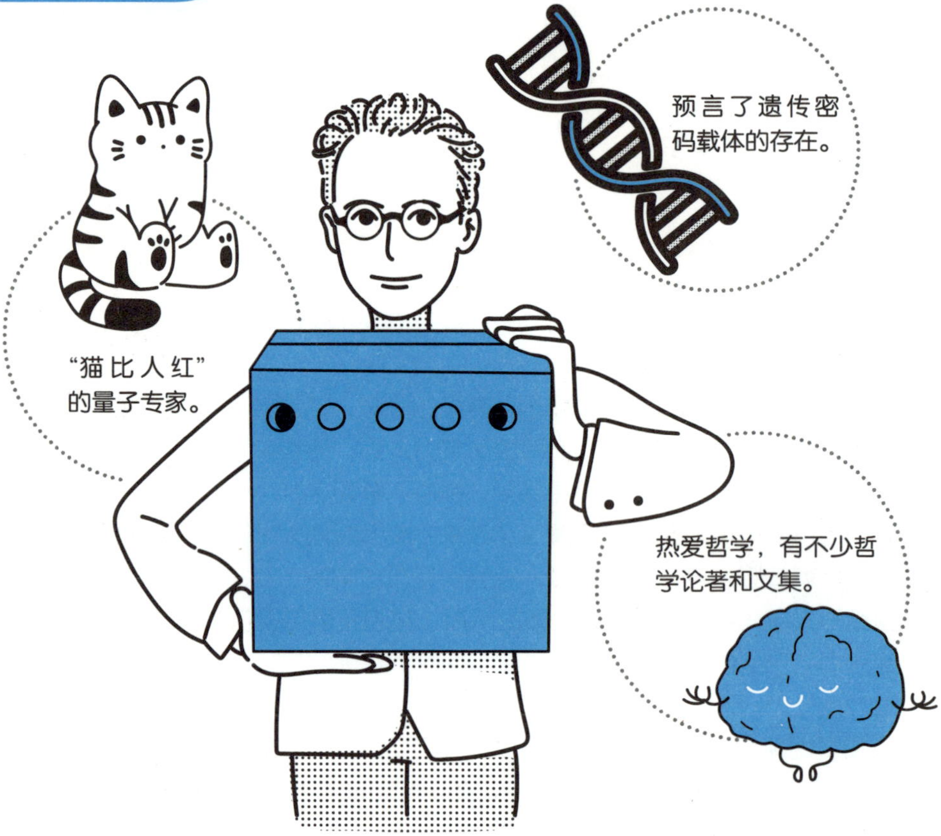

姓　名　薛定谔（Erwin Schrödinger，1887—1961）

国　籍　奥地利

贡　献　提出薛定谔方程；建立波动力学理论体系；提出著名的思想实验“薛定谔的猫”；著有跨学科著作《生命是什么？》

原理解读

电子究竟是怎样运动的?

说起粒子，我们总会将其想象成一个坚硬的、运动轨迹确定的有形实体。在玻尔原子模型中，电子就被描述为像这样并且规规矩矩在轨道上运动的粒子。然而，当科学家们试图用高速摄像机捕获电子的运动轨迹时，却发现它们压根没有乖乖待在轨道上，而是出现在核外空间的各处，但在不同的位置出现的概率不同。当把电子最有可能出现的位置都标注出来时，得到的图案就像一团团云雾围绕在原子核的周围，因此被称为“电子云”。

不同形状的电子云

粒子还是波?

20 世纪初，物理学家们发现了波粒二象性，微观粒子既是粒子，同时又是波，电子也不例外。1926 年，薛定谔提出革命性的波动方程，不再将电子视为沿着固定轨道运行的小球，而是看作一种弥漫在原子核周围的概率波。方程的解就是电子在不同位置出现的概率密度分布。次年，海森堡提出不确定性原理，即不可能同时精确测量电子的位置和速度，彻底粉碎了电子固定轨道的观念。两位科学家的理论殊途同归：海森堡的不确定性原理解释了“为什么必须用概率描述电子”，而薛定谔的波动方程解决了“如何计算这些概率”。就这样，电子云模型诞生了。在不同原子中，电子的活动区域形状各异，反映出每个原子拥有独特的“性格”。

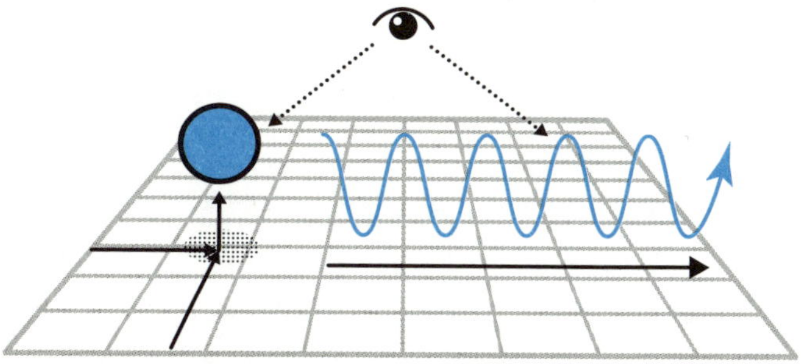

知识沉淀

电子云模型

电子在原子核外极小的空间内做着高速运动，其运动遵循量子力学原理，以概率云的形式存在，不存在确定的轨道。电子云密度越高的区域，电子出现的概率越大。这种概率分布特征可通过薛定谔方程精确描述。不同轨道类型的电子（如 s、p、d、f 等）具有不同的空间分布特征。

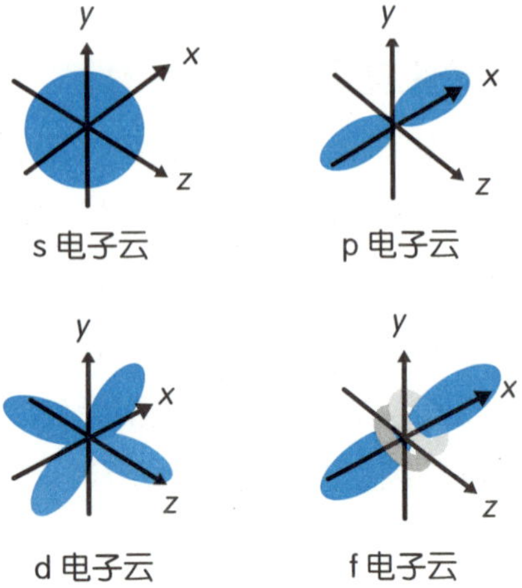

中国智慧

中国科学家团队针对电池内部锂离子界面传输阻力大等问题，通过变革性的分子设计与电子云调控，开发出高比能、长循环寿命的锂金属电池。

历史盲盒

——听说您的猫把量子力学变成了哲学谜题？

薛定谔：人们常说我“不近猫情”，但我先声明，没有任何一只猫在这场思想实验中受到伤害。当年我本意是想要嘲讽哥本哈根学派的“叠加态”理论。按照他们的逻辑，把一只猫、一瓶毒药和一个放射源放在一个密封的盒子里，只要人不打开盒子观察猫的状态，猫就处于又生又死的“叠加态”，岂不是很荒谬？

——您在牛津大学非常受欢迎，讲课风格也广受学生喜爱。您怎么看待这种“教学明星”的身份？

薛定谔：说实话，被学生喜欢当然令人高兴，但我其实一直羡慕爱因斯坦那样的待遇。在柏林，他是极少数可以不授课、专注研究的教授。我在柏林、牛津都承担了不少课时，精力常被分散。有时候正要推导一个方程，上课铃响了，下一节课又要开始了。

质子、中子与电子

查德威克

质子和中子是构成原子核的基本粒子，它们与核外电子共同组成了原子。

姓　名　查德威克（James Chadwick，1891—1974）

国　籍　英国

贡　献　发现中子；推动中子理论在核武器研发中的实际应用；首次提出中子治疗癌症的设想

原理解读

原子的内部结构之谜

19 世纪，科学家曾以为原子是一个实心小球，直到卢瑟福的“金箔实验”揭示了新结构：原子中心有一个带正电的致密核心——原子核，电子则在外层高速运动。然而，新的疑问随之而来：原子核的质量远大于它所带的电荷量，难道原子核里还藏着看不见的“隐身粒子”？

质子与中子的发现

1919 年，卢瑟福用 α 粒子轰击氮原子，发现竟射出了氢原子核。他意识到，这是一种带正电的基本粒子，便将其命名为质子。后来，一些科学家注意到，许多原子核的质量大约是质子总质量的两倍，但带电量却没有相应增加。所以，一定还有不带电的、有质量的粒子存在。1932 年，查德威克用 α 粒子轰击铍片，捕捉到一种质量与质子接近、但不带电的粒子。中子终于现身了。

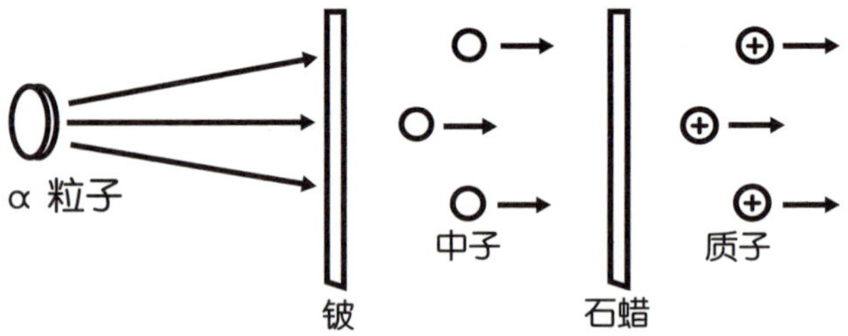

用 α 粒子轰击金属铍发现中子

原子的组成

原子由质子、中子和电子三种基本粒子组成。质子和中子一起构成原子核，前者带正电，后者不带电且质量与质子相当。电子质量极小，约为质子的 $\frac{1}{1836}$，带负电，在核外高速运动。质子数决定元素的种类，例如有 6 个质子的原子是碳原子，有 79 个质子的原子是金原子。中子的存在影响原子的稳定性，而电子的得失则主导了化学反应的发生。

知识沉淀

质子、中子和电子

原子由带负电的电子和带正电的原子核构成，电子绕原子核高速运动。原子核又由质子和中子构成，质子带正电，中子不带电。

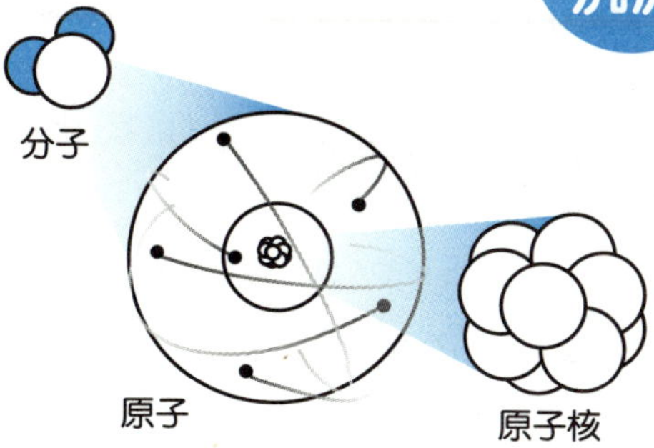

中国散裂中子源项目利用高能质子束轰击重金属靶，通过粒子的高速撞击“散裂”出大量中子，再把中子作为“探针”，研究物质材料的内部微观结构，实现了高效中子生产，支撑材料科学、新能源等领域研究。

——听说您在一战期间被关在德国战俘营时，还在继续做实验？

查德威克： 没错，1914 年我被关进德国鲁赫本战俘营。营房里没有仪器，我们就从牙膏里刮出含镭的粉末当放射源，用锡箔和铁丝做验电器，甚至把木头盒子改造成简易云室。后来卢瑟福听说这事，笑称我们在战俘营“用牙膏打赢了科学战”。

——您如何从居里夫妇手中“抢”到中子发现权？

查德威克： 1932 年，居里夫妇用铍射线轰击石蜡，明明打出了质子却硬说是 γ 射线。我的直觉告诉我这不对——这种射线的速率只有光速的 $\frac{1}{10}$，不可能是 γ 射线。我连续十几天泡在实验室，当看到氮原子核被轰击后产生的反冲核数据，我立刻意识到：这就是卢瑟福在 12 年前预言的中子！后来有人说我“两周破译了原子密码”，其实那是争分夺秒的科学赛跑。

历史盲盒

7

元素周期表——门捷列夫

将化学元素按原子序数（即核电荷数）递增顺序排列，并将具有相似物理和化学性质的元素归入同一纵列的系统性表格。

姓　名　门捷列夫（Dmitri Ivanovich Mendeleev，1834—1907）

国　籍　俄国

贡　献　发现元素周期律，构建现代周期表框架；提出溶液水化理论；发现气体的临界温度

原理解读

元素也要“排排坐”

在学校里，老师会按一定的规则给学生安排座位。比如，个子高的坐后排，个子矮的坐前排；沉稳安静的坐里侧，活泼好动的靠过道。在化学元素的世界里，每个元素就像不同性格的学生，它们也有一套精妙的“排座位”规则。

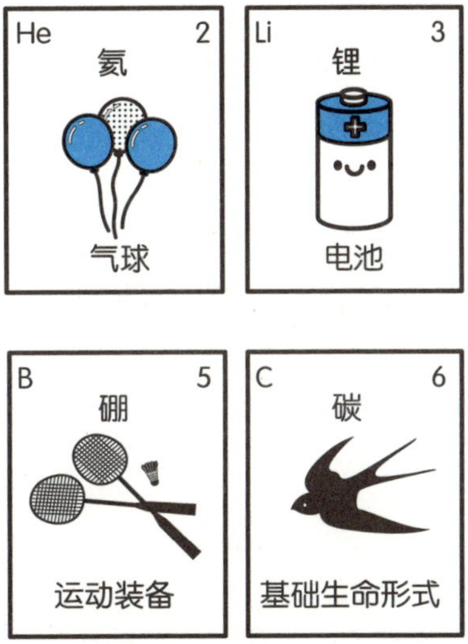

门捷列夫的“预言魔法”

俄国化学家门捷列夫一直潜心研究并收集元素数据，把每个元素的相对原子质量和性质等信息都写在一张张纸片上，制成了一副由 63 张元素卡片组成的“扑克牌”。1869 年，他像往常一样摆弄整理这些元素卡片，突然发现当元素按相对原子质量排列时，性质会出现周期性重复。于是，他制作了一张表格，不但将已知的元素全部填了进去，还为当时未知的元素留下了空位，并且预测了它们的性质，例如“类铝”就是后来发现的镓。此后，科学家们通过不懈努力不断填补表中的空白，使元素周期表成了我们现在看到的形态。

元素周期表中的周期和族

元素周期表的横行叫周期，同一周期的元素原子的电子层数相同。元素周期表的纵列叫族，同一族的元素性质相似。此外，在元素周期表中有一条“分界线”，这条线左边是金属元素，右边是非金属元素，紧挨着“分界线”的元素兼具金属和非金属特性，多为重要的半导体材料。

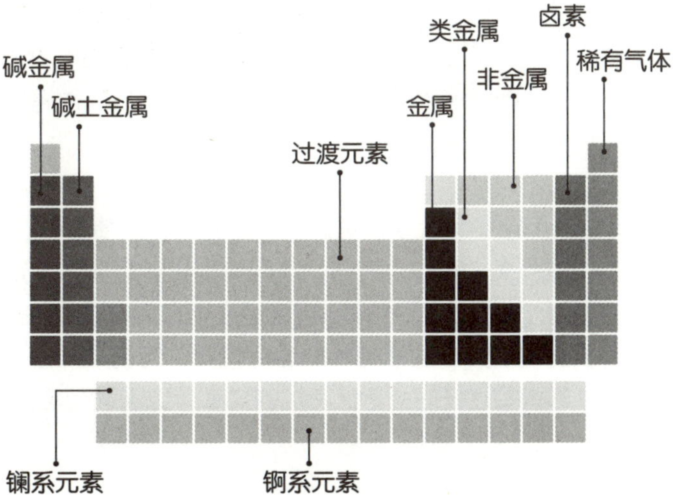

知识沉淀

元素周期表

系统排列所有已知元素的表格。该表格以原子序数递增的顺序横向排列元素，同时将具有相似物理和化学性质的元素归入同一纵列。这种排列方式直观地展现了元素性质的周期性变化规律。

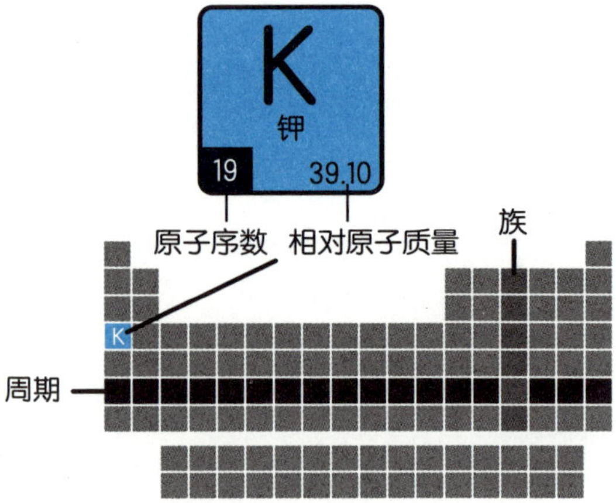

中国智慧

中国近代科学家徐寿（1818—1884）是第一个将元素周期表翻译成汉语的人。他首创化学元素的中文译名原则，创译了“锰”“镁”等36个元素的中文译名，沿用至今，影响深远，为中国近代化学的发展奠定了基础。

历史盲盒

——您数次被提名为诺贝尔化学奖候选人，却出于种种原因未能获奖，您为此感到遗憾吗？

门捷列夫：当然很遗憾。可是你看，我的研究不仅帮助人们更好地理解元素的性质和规律，还成功预言了一些未知元素的存在。现在，几乎每本化学课本的最后一页都有元素周期表，第101号元素“钔”也是以我的名字命名的，这些都是对我最大的肯定。

——您被称为“伏特加之父”是因为喜欢喝酒吗？

门捷列夫：我必须澄清，“门捷列夫制定了伏特加40%的黄金标准”这一说法简直就是无稽之谈。要知道，这个标准早在1843年就由俄国政府引入，而当时我只有9岁。我的确研究过酒精和水的混合性质，但论文关注的是浓度超过70%的医用酒精。我从未撰写过任何关于伏特加的文章，更别说制定什么“黄金标准”了。

夫琅禾费线 —— 夫琅禾费

太阳光谱中因太阳大气层中元素选择性吸收特定波长的光而形成的暗线。

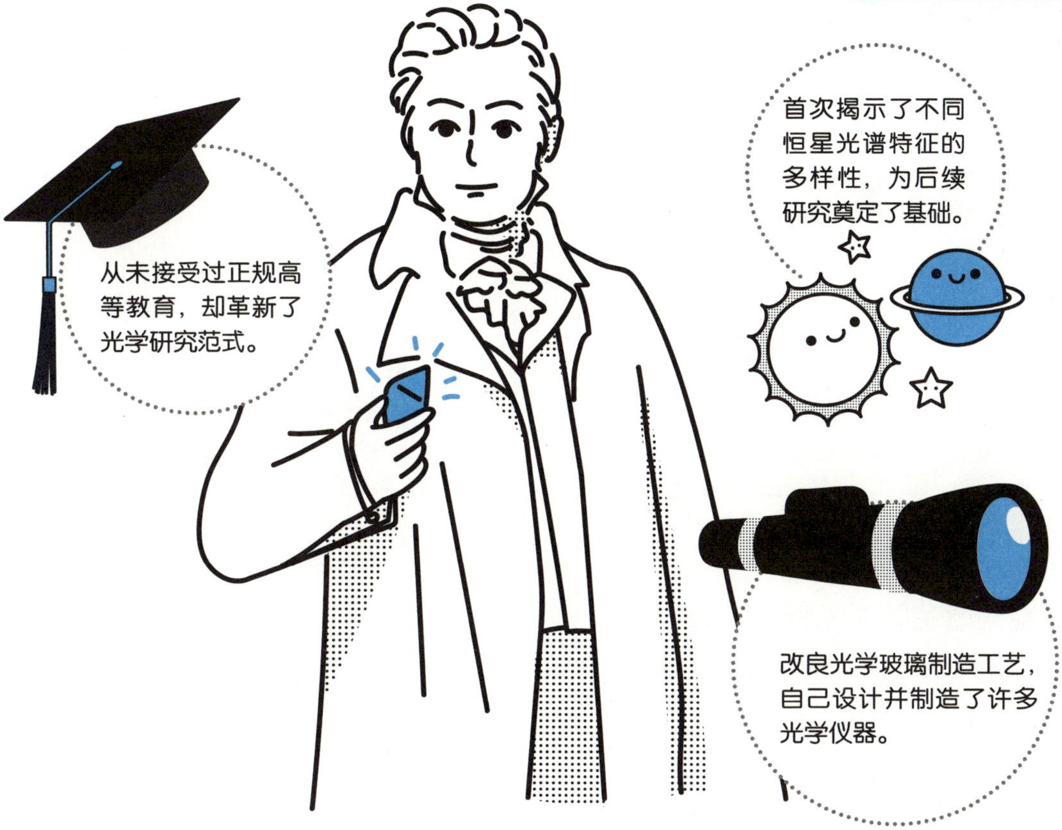

姓　名　夫琅禾费（Joseph von Fraunhofer，1787—1826）

国　籍　德国

贡　献　发现夫琅禾费线；提出“夫琅禾费衍射”；设计和制造了消色差透镜；发明高精度分光仪

原理解读

阳光里的“条形码”

19 世纪初，德国光学大师夫琅禾费发现，阳光穿过棱镜展开后的光谱，并不是一条连续的彩虹带，而是夹杂了许多暗线，像一组神秘的“条形码”。夫琅禾费在太阳光谱中发现了 570 多条暗线，用衍射原理测出这些暗线的波长，并用字母 A 到 Z 标注出主要的特征谱线。遗憾的是，他直到去世都没明白这些暗线代表什么。

暗线谜底的揭开

几十年后，德国物理学家基尔霍夫和化学家本生在实验中用灯焰灼烧食盐，发现其光谱中出现了一条明亮的黄线。而在这束光穿过低温钠蒸气后，原本黄线的位置又变成了暗线。他们意识到：钠元素受热激发能发出特定波长的光，而暗线的出现是由于钠元素吸收了相同波长的光。

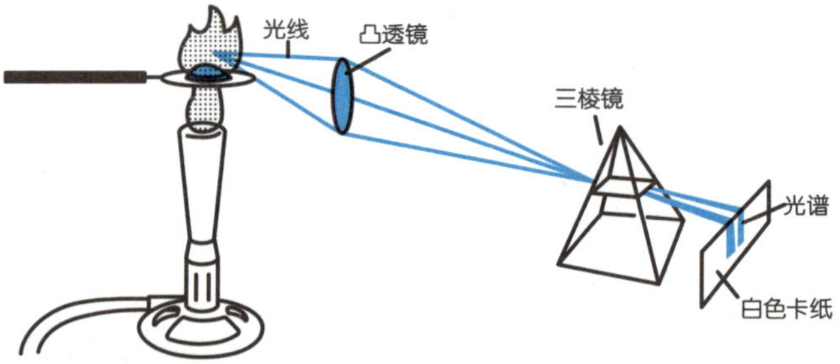

夫琅禾费线——元素的踪迹

阳光在穿过太阳大气层时，太阳大气层中的原子就像过滤网一样，会吸收某些特定颜色的光，在连续光谱中留下缺口——这就是夫琅禾费线的来历。当我们观测遥远星系的光谱时，同样能发现类似的光谱线。通过对比这些光谱线与地球上已知元素的光谱线，我们就能推断出这些星系中的物质组成和演化历史。

太阳的光穿过外层大气时，原子会受到激发，吸收特定能量的光子，表现为暗吸收线。

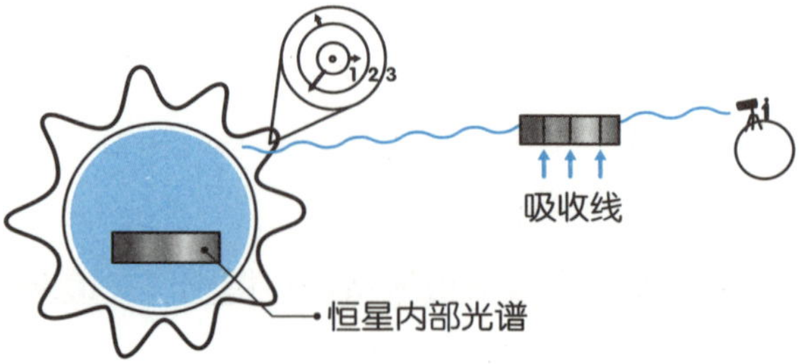

知识沉淀

夫琅禾费线

太阳光谱中因太阳大气层元素吸收特定波长光而产生的暗线，揭示了太阳及宇宙物质的组成。

中国智慧

中国科学院安徽光学精密机械研究所基于夫琅禾费线差分吸收原理，通过测量不同方位角和不同仰角的太阳散射光谱，实现对大气环境污染气体（二氧化氮、二氧化硫、臭氧等）的在线自动地基遥测。

——您作为光学大师却英年早逝，是否觉得命运不公？

夫琅禾费：我 11 岁时成为孤儿，开始在一家玻璃作坊当学徒。没过几年，作坊屋顶塌陷，我被埋在废墟下，幸亏遇到一位大人相助。他不仅把我从废墟中拉了出来，还资助我读书，我才得以从磨镜片的童工成长为光学研究所的负责人。命运给我很多苦难，也给我很多机会。

——可以介绍一下您制作的望远镜吗？

夫琅禾费：很多人不知道，光线通过透镜时会发生色散，会导致图像边缘模糊、变色。我希望做出真正“消色差”的望远镜。为了这个目标，我不厌其烦地测试玻璃样品，调整透镜组合，终于制作出了成像清晰的消色差折射望远镜。听说，我制作的望远镜帮助伽勒发现了海王星。

历史盲盒

同位素 —— 阿斯顿

质子数相同而中子数不同的同一元素的不同原子。

姓　名　阿斯顿（Francis William Aston，1877—1945）

国　籍　英国

贡　献　实现原子质量的精准测量；建立同位素丰度概念；揭示轻元素同位素质量数近似整数的规律

原理解读

元素背后的“隐形兄弟”

你是否想过，元素也可能有多个“兄弟”？1919年，阿斯顿改良了一台能给原子“称体重”的神器——质谱仪。他先把氖气加热，再让它们穿过强磁场：轻的原子偏转幅度大，重的原子偏转幅度小，最终可以在感光板上留下不同位置的抛物线。他惊奇地发现，氖气的抛物线竟然有两条轨迹——一条对应相对原子质量20，另一条对应22！说明这里面由两种原子组成：它们的质子数都是10，但中子数分别是10、12。由于这两种原子在元素周期表中占同一个位置，阿斯顿将这类原子命名为同位素。随后，他用质谱仪发现大多数元素都有同位素“大家庭”。

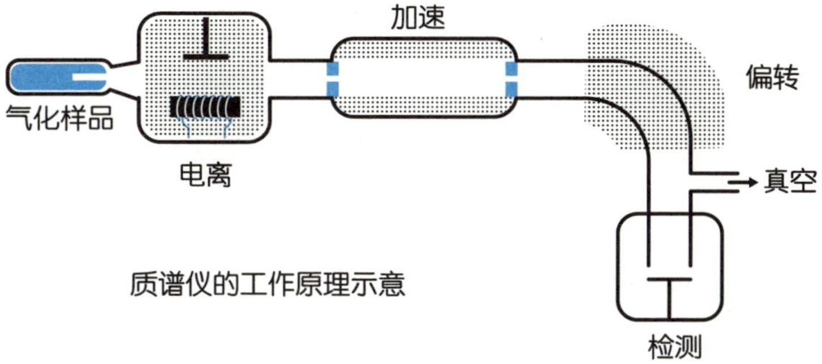

质谱仪的工作原理示意

同位素的作用

同位素被发现后，逐渐在科学研究和实际生活中发挥着越来越重要的作用。比如，碳同位素，特别是碳-14（^{14}C），就被广泛用于测定古物的年龄，这项技术被称为“碳-14测年”。

碳-14是碳元素的一种同位素，它的原子核中有6个质子和8个中子。碳-14通过大气中的核反应不断生成，并被植物吸收进入食物链。因为碳-14是放射性同位素，它会逐渐衰变成氮-14。通过测量物体中碳-14的含量，科学家能够推算出它从死亡或停止吸收碳-14以来已经过去了多少年。因此，碳-14测年法成为考古学家和地质学家研究古代遗物和化石的得力工具。

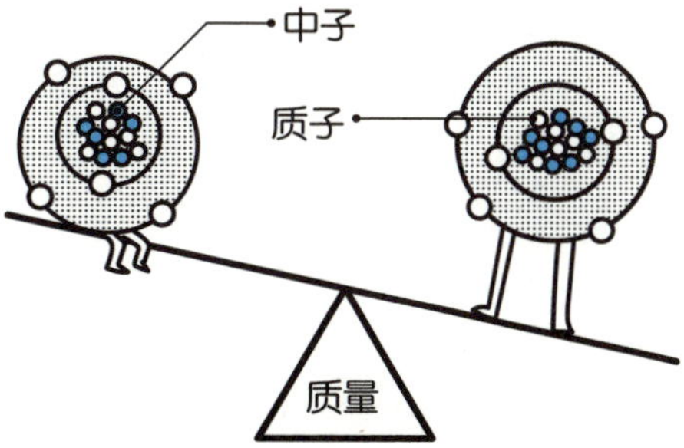

知识沉淀

同位素

质子数相同而中子数不同的同一元素的不同原子。在元素周期表上占同一位置，化学性质几乎相同，但物理性质有所不同。

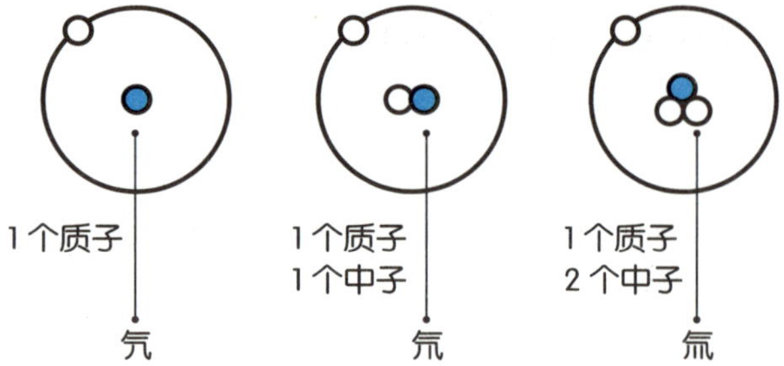

中国智慧

中国在放射性同位素示踪技术领域取得显著进展。例如，北京协和医院利用碳 –14（^{14}C）和氚（^{3}H）标记技术，研究创新药在人体内的代谢路径，加速了肿瘤靶向药和嵌合抗原受体 T（CAR–T）细胞免疫治疗的研究。

——您和汤姆孙教授在同位素的研究上有过分歧，是这样吗？

阿斯顿： 1912 年，汤姆孙先生用抛物线质谱仪研究氖气时，在感光板上发现两条模糊抛物线，但认为可能是仪器漏电或“氖氢复合物”。1913 年，我改进了提纯方法，用分馏法分离出不同密度的氖气组分，分别充入质谱仪后，观测到对应氖 –20 和氖 –22 的清晰质荷比信号，首次证实稳定同位素的存在。汤姆孙先生坚持要求重复验证，这促使我完成了更严谨的实验——科学争论本就是探索的一部分，他的严谨至今令我受益。

——听说您爱好非常广泛，是真的吗？

阿斯顿： 确实如此。我年轻时对机械近乎痴迷，曾经自己造过内燃机，参加过汽车比赛。后来，我又学会了冲浪！除此之外，我也热爱音乐，钢琴、小提琴、大提琴都会一点。对我来说，生活和科学一样，都值得全力以赴。

历史盲盒

共价键 —— 路易斯

原子间通过共用电子对形成的化学键相互作用。

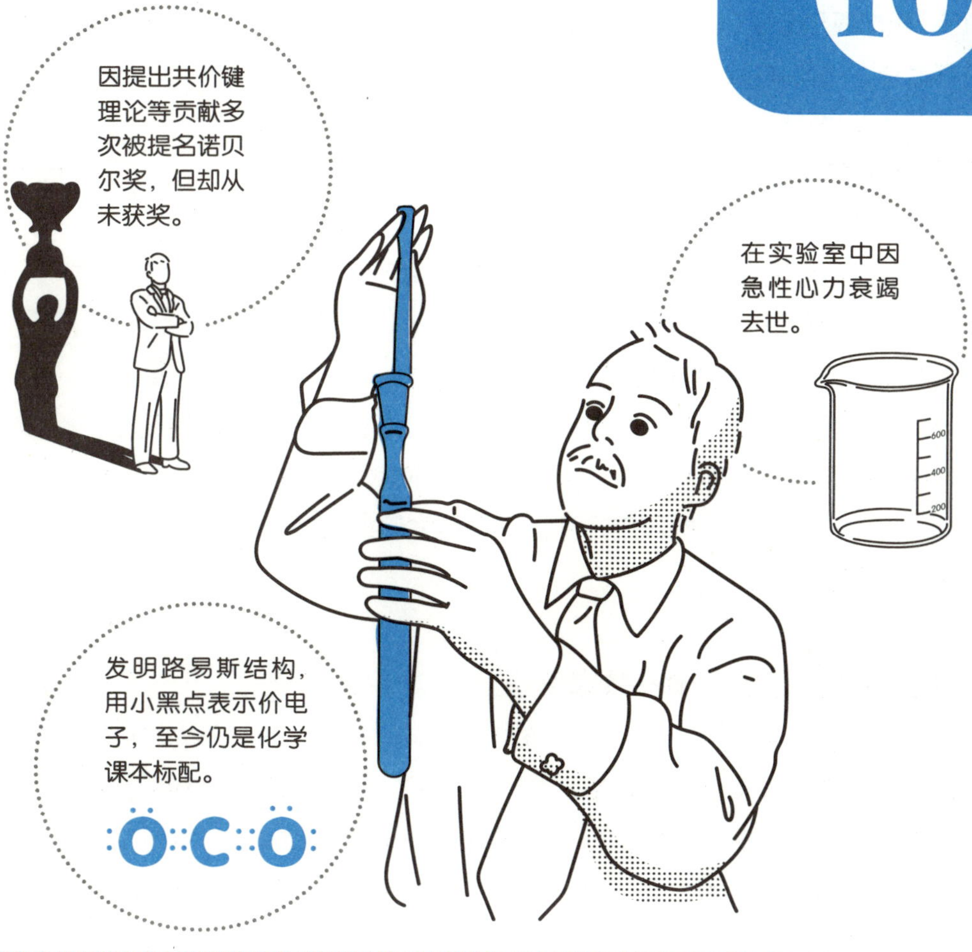

姓　名　路易斯（Gilbert Newton Lewis，1875—1946）

国　籍　美国

贡　献　共价键理论的奠基人；提出广义的酸碱概念；引入“活度”描述溶液中的有效浓度

原理解读

原子间的“手拉手友谊”

想象一下，两个小朋友各自有一块拼图，单独玩时毫无乐趣，但拼在一起就能变出更大、更完整的图案。原子世界也有这样的默契。比如，当两个氯原子相遇，它们既不想平白失去自己的电子，也不愿从对方那里抢夺电子，于是它们共享电子，“手拉手”组成氯气分子（Cl_2）。这种电子之间的“共享协议”，就是共价键的形成法则——没有掠夺，只有共赢！

共价键的发现

19 世纪末，大多数化学家都在研究带电离子之间的作用力，但美国化学家路易斯发现了一个问题：像氢气、氧气这些非金属单质，无法用“得失电子”的理论来解释。为了验证想法，他将一定量的氢气通入高温环境，发现要把氢分子全都拆成氢原子，需要吸收的能量远高于破坏单纯的静电作用所需的能量。他意识到，原子之间一定存在一种全新的作用方式。于是他大胆提出假设：原子可以通过“共享”电子对结合在一起。

共价键——原子的“电子共享俱乐部”

就像两个小朋友手拉手时共用一副手套（电子对），这样形成的化学键就叫共价键。共价键有两种类型：一种是“公平共享”，比如氯气分子中两个氯原子势均力敌，电子对乖乖待在两个原子中间，这就是非极性共价键；另一种是“偏心共享”，如水分子中氧原子吸引力强，电子对就偏向氧原子，让氢显正电、氧显负电，这就是极性共价键。

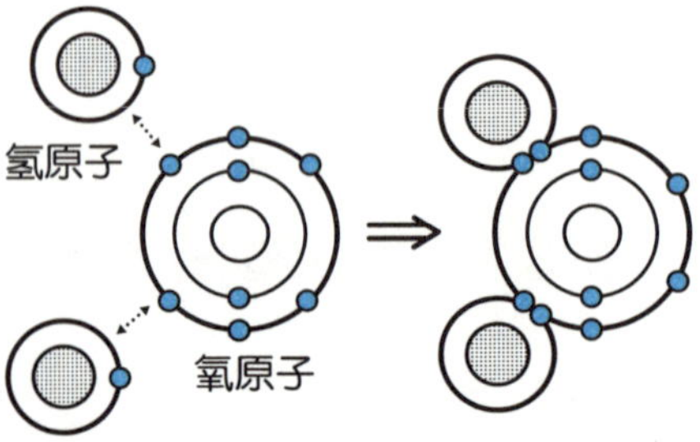

水分子中极性共价键的形成

知识沉淀

共价键

原子间通过共用电子对形成的化学键相互作用。一般存在于两个非金属原子之间或金属原子与非金属原子之间。共价键可分为极性共价键和非极性共价键。

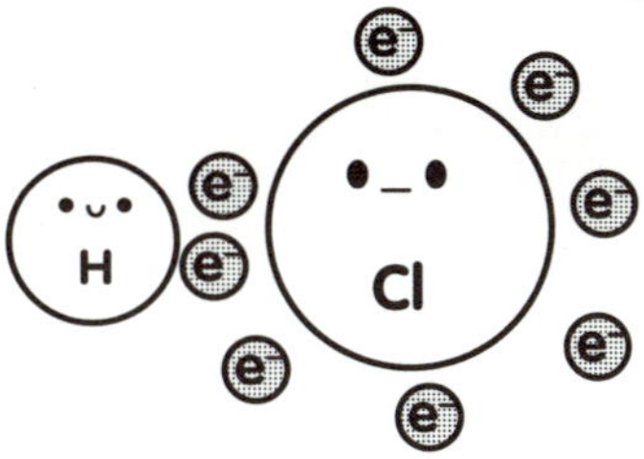

中国智慧

氮化镓（GaN）中的原子主要以极性共价键形式结合，结构稳定性显著，能耐600℃的高温。中国科学家利用这种特性开发的氮化镓芯片，具有电子移动速度快、能量损耗低的优势，已经被用在通信基站中。

——听说您培养了五位诺贝尔奖得主?

路易斯： 1912 年刚到加利福尼亚大学伯克利分校时，我站在空荡荡的实验室里发誓：要让这里的化学教育像晶体结构一样严整。最初几年，我坚持给新生上基础课。因为我坚信，知识会像电子对一样，在师生间传递、共享，最终形成更稳定的“学术分子”。那些从伯克利走出去的学生，会带着对科学本质的好奇，在世界各地继续撒播科学的种子。

——听说您离世前一刻还在配制溶液?

路易斯： 那天，我像往常一样，在实验室配制溶液，突然感到一阵眩晕，之后就再也没醒来。或许是命运吧，让我的人生得以在我最熟悉的地方“谢幕”。现在想想，能把一生献给化学和教育，还有比这更圆满的结局吗?

历史盲盒

离子键 —— 科塞尔

带相反电荷的离子或基团通过静电相互作用形成的一类化学键。

姓　名　科塞尔（Walther Kossel，1888—1956）

国　籍　德国

贡　献　提出离子键的形成机制；引入电子层概念；系统分析稀有气体的电子结构

原理解读

科学家如何“看见”看不见的离子键？

德国物理学家科塞尔通过理论研究揭示了化学键的本质规律：金属原子倾向于失去电子形成正离子，而非金属原子则容易获得电子形成负离子。这种电子转移能够使原子最外层拥有 8 个电子，形成一种稳定结构。带相反电荷的离子通过静电吸引形成离子键，但这一预言在当时缺乏实验依据。

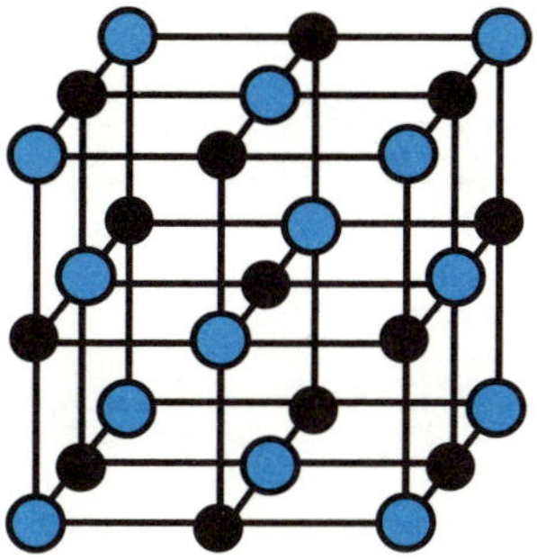

● 钠离子（Na^+） ● 氯离子（Cl^-）

突破发生在 1913 年，当布拉格父子运用新兴的 X 射线衍射技术分析食盐晶体时，首次直接观测到钠离子（Na^+）和氯离子（Cl^-）在空间中的周期性排列。这种高度有序的晶体结构完美印证了科塞尔的离子键理论——离子间的静电作用确实如同精密的“原子拼图”，使晶体保持稳定。这项发现不仅验证了电子转移理论，更为现代结构化学奠定了基础。

离子键——原子间的“电子交易”与“静电拥抱”

你可以想象金属原子是一群“电子富翁”，如钠原子最外层多 1 个电子，总想摆脱多余电子轻装上阵；非金属原子是一群“电子需求者”，如氯原子最外层缺 1 个电子，渴望凑满 8 个电子。当它们相遇时，钠原子把最外层电子“送”给氯原子，自身变成带正电的钠离子（Na^+），氯原子则变成带负电的氯离子（Cl^-），二者靠正负电荷的静电作用结合，形成坚固的离子键。

氯化钠离子键的形成

知识沉淀

离子键

原子间通过电子得失形成正负离子，并通过静电引力形成的化学键。通常在金属原子和非金属原子中产生。

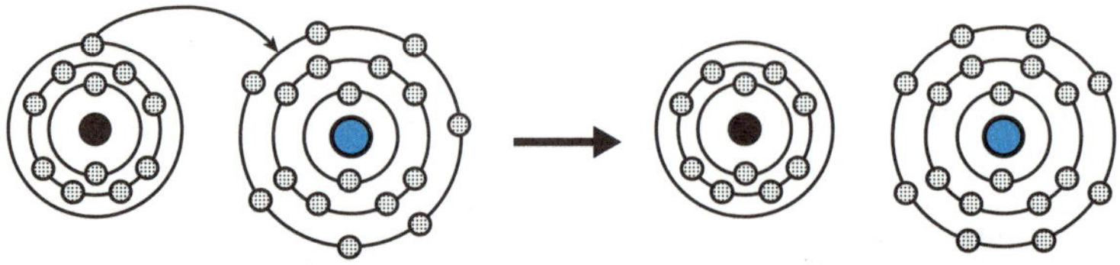

钠原子（Na）　氯原子（Cl）　钠离子（Na^+）　氯离子（Cl^-）

中国智慧

中国企业在半导体制造中广泛应用离子注入技术（如掺杂硼离子、磷离子），通过调控晶格中的离子键合状态，提升芯片性能。例如，中芯国际在 14 纳米及以下制程节点实现了离子注入工艺的技术优化。

历史盲盒

——您的父亲阿尔布雷希特·科塞尔是诺贝尔奖得主，这对您的学术道路有何影响？

科塞尔：父亲是我的榜样。我从小就耳濡目染他对科学的热情和严谨的研究态度。虽然我们的研究方向不同，但他的精神一直激励着我，对我影响深远。我希望自己能够像他一样，为人类的知识体系贡献自己的力量。

——您和路易斯几乎同时对化学键理论展开研究，您如何看待这种“研究共振”？

科塞尔：不同学者在相近的时代背景下，往往会围绕物质结构的核心问题展开探索。路易斯从化学视角提出了共价键的电子对模型，揭示原子间电子共享的成键机制；我则结合玻尔原子模型，阐释了离子键中电子转移与伴随的静电相互作用的本质。我们分别聚焦共价键与离子键两条路径，共同拼合了化学键理论的完整拼图。

阿伏加德罗定律

阿伏加德罗

在相同的温度和压强下，相同体积的任何气体都含有相同数量的分子。

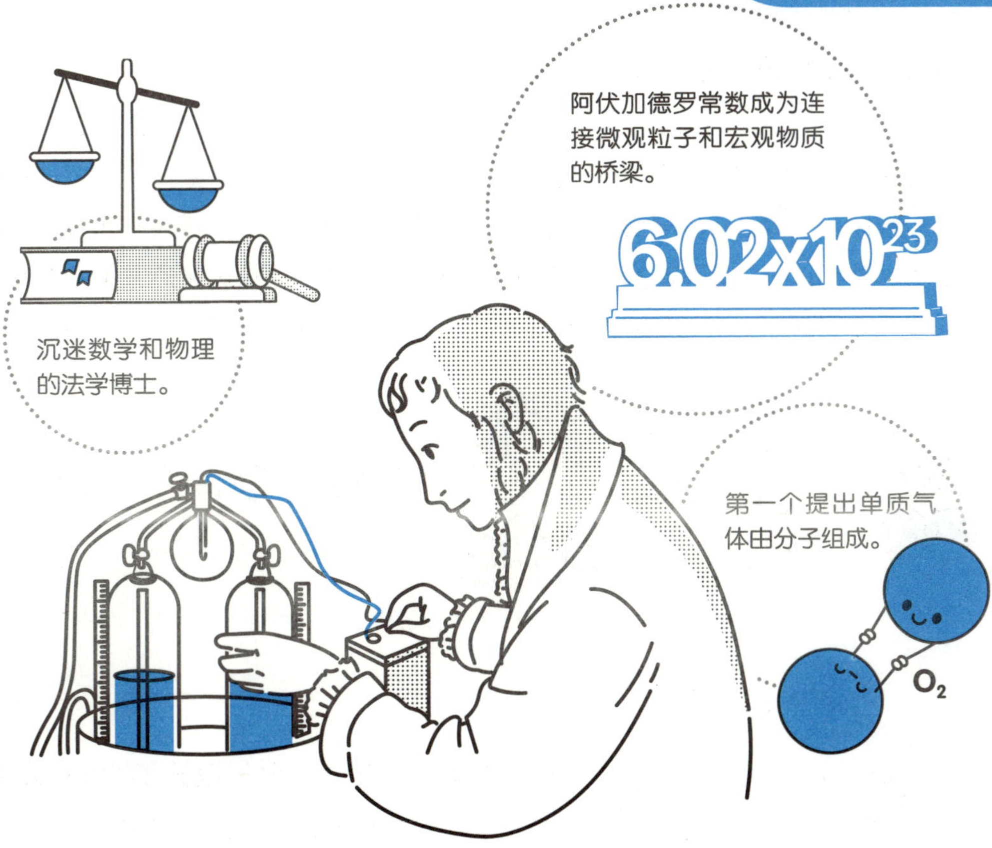

姓　名　阿伏加德罗（Amedeo Avogadro，1776—1856）

国　籍　意大利

贡　献　提出阿伏加德罗定律；首次明确区分原子与分子，提出分子的概念

原理解读

多出1升水蒸气？

道尔顿认为，单质气体是由单独的原子组成的，并且原子间只能以1∶1的比例发生反应。但是盖－吕萨克却通过实验发现，2升氢气和1升氧气居然能生成2升水蒸气！这个比例用道尔顿的理论根本解释不通：如果氧气和氢气都是由单个原子组成的，那么最后应该得到1升水蒸气，怎么多出来1升水蒸气呢？这个问题把当时的科学家们都难倒了。

分子由原子抱团组成

为此，阿伏加德罗提出了一个颠覆性的猜想：单质气体并不是由单个原子构成的，而是由两个原子组成的气体分子构成的——比如氧分子由2个氧原子组成，氢分子由2个氢原子组成。这样一来，前面的问题就完全合理了！他还进一步提出：同温同压下，相同体积的任何气体都含有相同数量的分子——这就是后来的“阿伏加德罗定律”。但可惜，当时的科学家没意识到分子和原子的区别，这个理论被冷落了几十年。

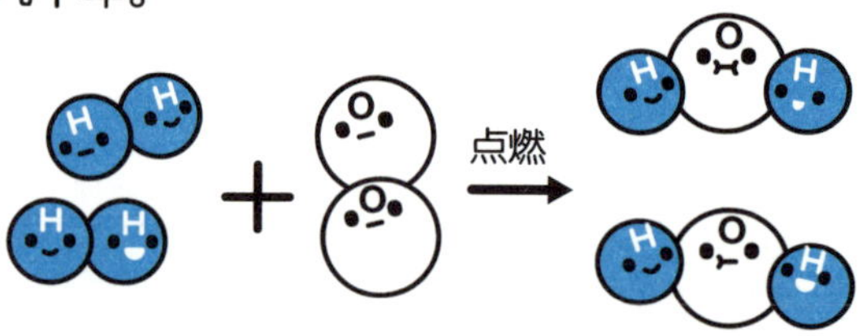

$$2H_2+O_2 \xrightarrow{点燃} 2H_2O$$

氢气和氧气反应生成水

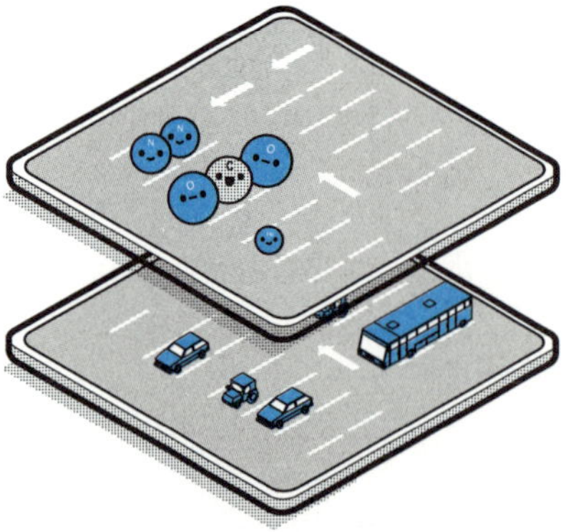

气体分子停车场

阿伏加德罗定律——分子世界的“停车规则”

如果我们把气体分子想象成停车场里的大大小小的汽车，那么阿伏加德罗定律就像气体分子停车场的“指挥员”——无论是小轿车（小分子）还是大卡车（大分子），都只能占一个车位。只要停车场的面积（气体体积）相同、管理规则（温度和压强）一致，那么能停放的车辆总数（分子数）就完全相同。

知识沉淀

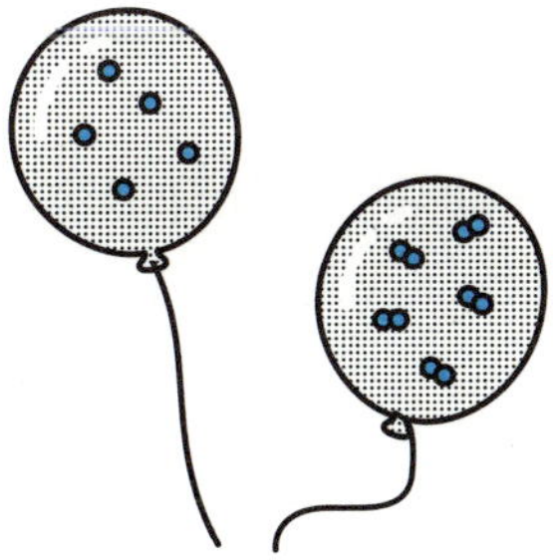

阿伏加德罗定律

在相同的温度和压强下，相同体积的任何气体都含有相同数量的分子。

阿伏加德罗定律在前沿物理研究中有重要价值。例如，中国科学院的专家开发出了从天然气中提取氦气的新技术，其中离不开阿伏加德罗定律的作用。这一新技术对于提升我国对氦资源的利用率、降低氦气对外依存度、保障我国用氦安全具有重大战略意义。

中国智慧

——您的理论直到 1860 年才被坎尼扎罗重新发现，您觉得遗憾吗?

阿伏加德罗：我当然希望自己的思考能早点被看见，但我也清楚，科学探索从来不是一蹴而就的，它更像一场跨越时代的接力赛。道尔顿的原子论无疑是了不起的成就，但睿智如他，同样也存在思想上的局限。认知的突破需要时间沉淀，需要一代代人的积累。当我看到坎尼扎罗后来系统完善了分子理论，看到今天的学子们能轻松运用阿伏加德罗常数时，所有的等待都值得了。

——听说您原本是位律师，后来才转行研究科学?

阿伏加德罗：在我的时代，律师可是一个体面的贵族职业。我顺利地拿到了法学博士学位，进入了律师行业。但每次处理案卷时，心里总惦记着实验室里的各种仪器。与其说转行，不如说我是被问题“拽”进了科学里的。

历史盲盒

13

范德华力 —— 范德华

分子或原子间存在的一种较弱相互作用力，其作用强度远弱于共价键、离子键等典型的化学键。

姓　名　范德华（Johannes Diderik van der Waals，1837—1923）

国　籍　荷兰

贡　献　提出范德华方程；提出分子间作用力理论；提出对应态定律

原理解读

分子间的吸引

在高压下，液化气罐中的气体可以转变为液态储存，体积大大缩小。气体分子之间原本距离较远、作用微弱，但随着压强增大、分子间距变小，一种微弱却普遍存在的分子间作用力——范德华力便逐渐增强。这种力虽然远不如化学键强大，却足以让分子彼此吸引、凝聚成液体，使得液化石油气（如丙烷、丁烷）得以稳定地储存于钢瓶之中。

一场由实验引发的“修正”

19 世纪，荷兰物理学家范德华在研究气体压缩时，发现实验数据与理想气体状态方程不符：当气体即将液化时，实际测得的体积总是比理论值小。

原来，理想气体状态方程假设分子没有体积，彼此之间不存在相互作用。但真实情况中，分子不仅占据空间，还会相互吸引。范德华因此对方程进行修正，首次明确引入分子间作用力的概念，这种力就以他的名字命名——范德华力。

范德华力：分子间的三种“关系”

范德华力不是一种单一的力，而是三种弱相互作用的统称，彼此间也有强弱之分：色散力是最普遍、也是最微弱的一种，存在于所有原子和分子之间，就像陌生人之间短暂的目光接触；诱导力稍强一些，相当于一个活泼的人带动周围气氛，让邻近分子产生响应；取向力是三者中最强的，好比志同道合的朋友更容易建立稳定关系。

正是这些微妙的“分子社交”，让世界变得丰富多样，而我们每天经历的无数物理现象，也因此有了可以理解的微观解释。

知识沉淀

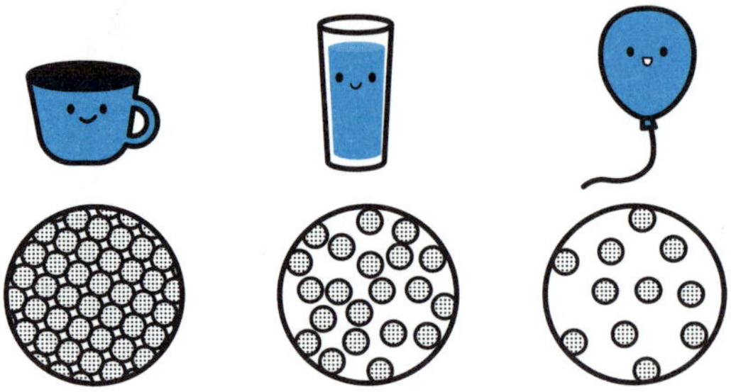

范德华力

分子或原子间普遍存在的一种弱相互作用力，其作用强度通常比共价键、离子键等典型化学键低 1~2 个数量级。

想一想

壁虎脚掌密布纳米级刚毛，能在垂直玻璃表面自由攀爬，甚至倒挂，这和范德华力有什么关系？

历史盲盒

——据说您的博士论文在当时被认为“过于大胆”？

范德华：那时，多数人沉迷于“理想气体”构建的完美数学模型，我却常被实验室里的“非理想气体”吸引。提交《论气态和液态的连续性》时，我的导师担忧这些打破理想假设的修正项会被视为“离经叛道”。但我始终相信，科学的突破往往始于对“反常”的固执，关注真实的“不完美”，反而能触碰到自然更本质的规律。

——您直到 1910 年才摘得诺贝尔奖，如何看待这段漫长的历程？

范德华：1910 年接到诺贝尔委员会通知时，距那篇被导师认为“过于大胆”的博士论文已过去 37 年。有人感慨这是“大器晚成”，但我清楚，科学之路从无“黄金年龄”，出身平凡或起步稍晚从不是障碍——重要的是像观察气体液化那样，耐心等待临界温度的到来，让积累的知识在某个时刻达成相变般的突破。

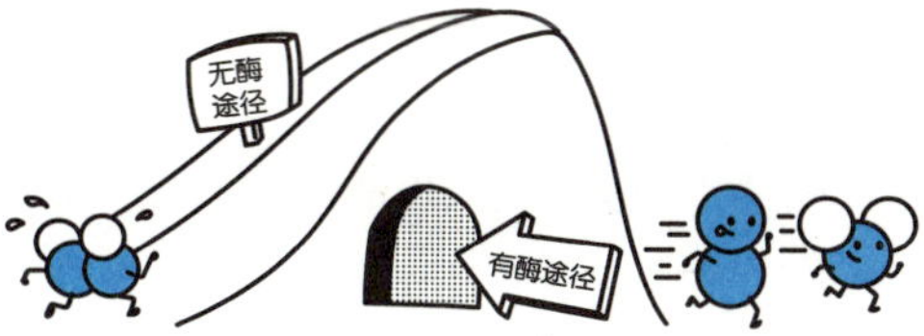

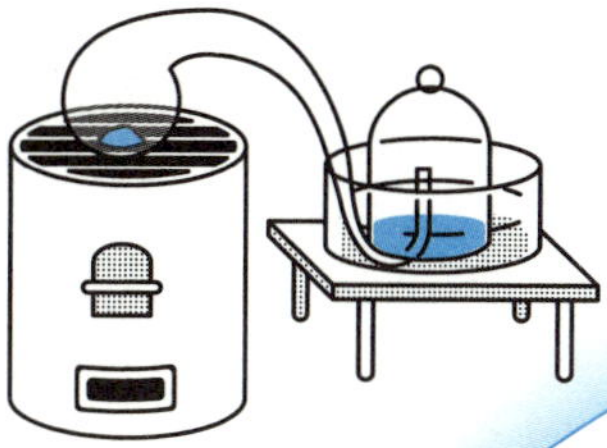

第二章

化学反应与平衡

诠释动态变化的守恒之道

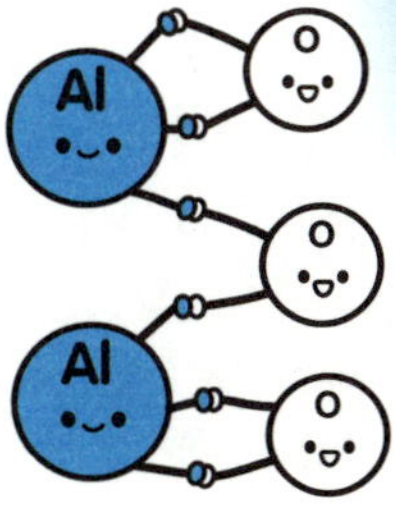

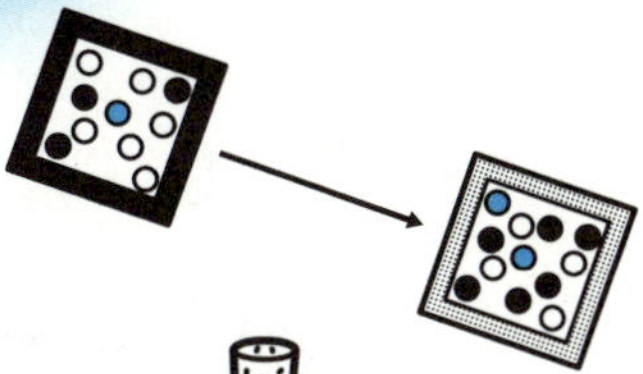

14

质量守恒定律——拉瓦锡

参与化学反应的各物质的质量总和，等于反应后生成的各物质的质量总和。

姓　名　拉瓦锡（Antoine-Laurent de Lavoisier，1743—1794）

国　籍　法国

贡　献　推翻燃素说，建立氧化燃烧理论；提出质量守恒定律；参与制定现代化学命名法；发现氧气和氢气的性质

原理解读

质量真的会消失吗？

我们把一张纸撕成碎片，虽然形状变了，但所有碎片加起来，质量还是一样的。但如果我们把这张纸点燃，火焰腾起，纸张化为灰烬——物质消失了吗？拉瓦锡的研究告诉我们：并不是！燃烧后，纸张虽变为灰烬，但空气中产生了二氧化碳和水蒸气，它们的总质量加起来，和原来的纸张完全一样。也就是说，即使物质变成了肉眼看不见的气体，质量也依然守恒，不会凭空减少或增加。这就是质量守恒定律的核心思想：在化学变化中，物质的总质量始终保持不变！

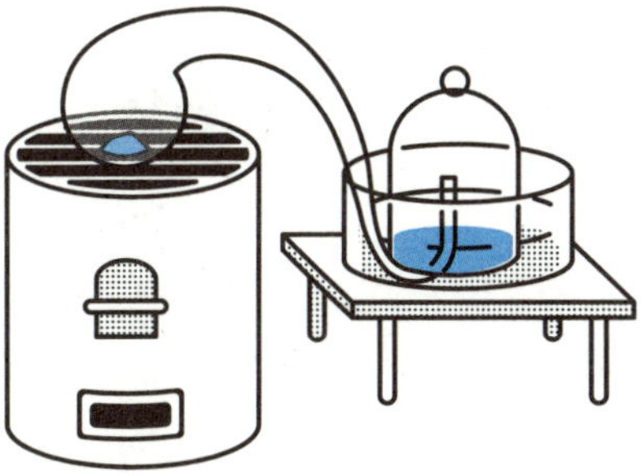

拉瓦锡的实验：天平上的秘密

拉瓦锡做了一个著名的实验：他密封了一个装有液态汞的曲颈瓶，并持续加热，让它和空气发生反应。十二天后，瓶中的汞变成了红色固体氧化汞，同时瓶内的空气体积减少了五分之一。这意味着空气中的某种成分参与了化学反应。

接着，拉瓦锡重新加热氧化汞，发现它分解出了汞和一种能让蜡烛燃烧得更旺的气体——氧气。最终，他测得 45 份氧化汞反应生成了 41.5 份汞和 3.5 份氧气，反应前后的质量完全相等，这正是质量守恒定律的铁证。

质量守恒定律：化学世界的拼图游戏

我们可以把化学反应想象成拼积木：原子拆开、重组，形成新物质，但无论怎么变，原子积木的种类和数量都不变，质量也相等。正如拉瓦锡的实验，氧气和汞结合生成氧化汞，分解后又变回原来的物质。化学反应改变了物质的形态，但不会让质量凭空消失或增加。

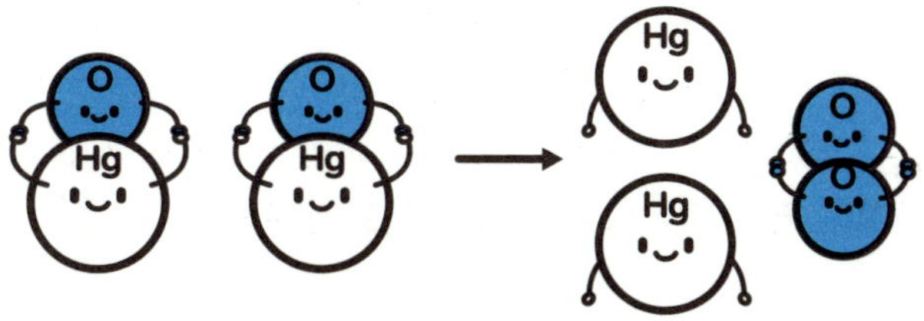

知识沉淀

质量守恒定律

参与化学反应的各物质的质量总和，等于反应后生成的各物质的质量总和。

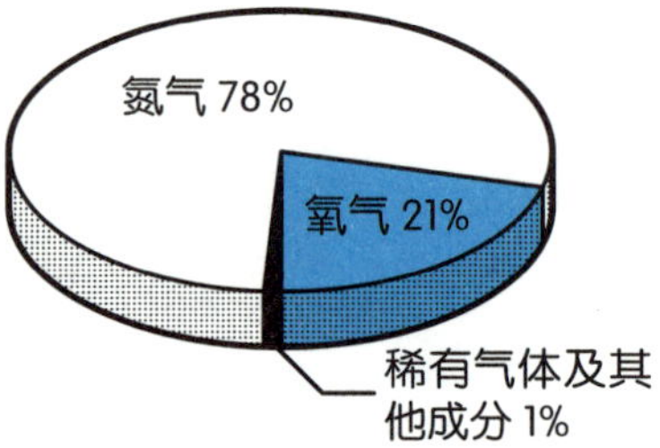

空气的组成

空气的主要成分有氮气和氧气。按体积计算，氮气约占 78%，氧气约占 21%，稀有气体及其他成分约占 1%。

中国智慧

中国古代哲学家很早就提出了“物质不灭”的思想。张载（1020—1077）认为，宇宙由“气”构成，气的总量永恒；王夫之（1619—1692）提出“气无生灭”，强调物质不会凭空产生或消失。这些思想展现了中华文明对自然规律的独特探索路径。

历史盲盒

——听说您原本是法律系高才生，却偷偷把人生方程式“配平”成化学家？

拉瓦锡：年轻时我在法学院写判决书，后来成为税务官为国王征税。但我始终觉得钻研化学更有意思，只能变身“时间管理大师”，精密规划日程——五点起床煅烧金属，八点准时打卡上班成了我的日常，连家人都说我是“燃烧自己照亮实验室的蜡烛”！

——介绍一下您的最佳科研搭档吧！

拉瓦锡：我的所有研究中都有夫人玛丽·安妮·波尔兹的心血！她自学英语，为我翻译英文论文；还把自己精湛的手绘用在化学插画上，都成了传世的艺术珍品！有次她边绣花边指出我的数据误差，吓得我从此不敢在笔记里写错小数点——这位女士可是连砝码都要擦得闪闪发光的完美主义者！

化合价

弗兰克兰

一个原子（或原子团）与其他原子（或原子团）化合时的成键能力。化合价有正价和负价之分，一些元素在不同物质中可显不同的化合价。

姓　名　弗兰克兰（E.Edward Frankland，1825—1899）

国　籍　英国

贡　献　提出化合价理论；开创金属有机化学研究；推进化学结构理论

原理解读

弗兰克兰的发现

英国化学家弗兰克兰在研究时很早就开始注意化合物中不同原子的数量比例关系。例如，同样是含有铝原子的化合物，在三氧化二铝（Al_2O_3）中，2 个铝原子总是和 3 个氧原子“手拉手”，而在氯化铝（$AlCl_3$）里，1 个铝原子就可以“拥抱”3 个氯原子。因此，他首次提出化合价的概念，用来描述某种原子结合其他原子的能力。

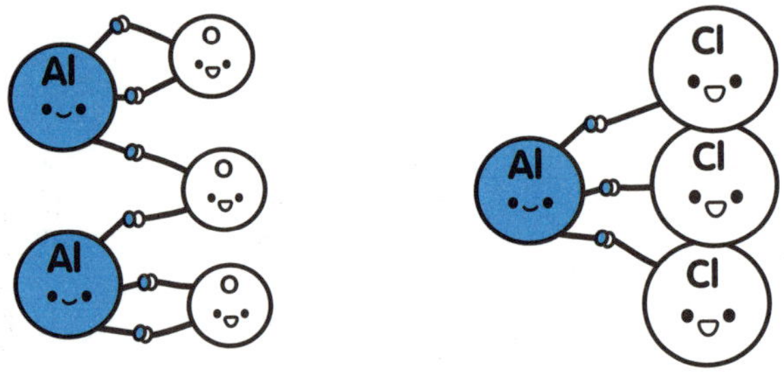

化合价是什么？——元素的“组队规则”

化合价决定了一种原子能和多少个其他原子“组队”。金属元素通常是“慷慨型朋友”，常显正价，比如钠（Na）总是显 +1 价，表示它愿意送出 1 个电子给其他原子；非金属元素通常是“接收型朋友”，常显负价，比如氯（Cl）总是显 –1 价，表示它需要接收 1 个电子来“组队”。原子想要成功组成分子，那么所有原子的化合价之和要为 0，正价和负价互相抵消。如水分子（H_2O）中氢原子 +1 价，氧原子 –2 价，所以 2 个氢原子和 1 个氧原子就可以“组队”成功！

为什么有的元素有多种化合价？

多数元素有固定的化合价，比如氧总是显 –2 价，铝总是显 +3 价。而有些元素“性格多变”，比如铁可以显 +2 或 +3 价，硫可以显 –2、+4 或 +6 价。元素能表现出不同化合价，主要是因为它们的最外层电子数目和电子排布比较灵活，既能获得相应的电子数填满外层，也能通过不同方式和其他元素共用多个电子。

知识沉淀

化合价

一个原子（或原子团）与其他原子（或原子团）化合时的成键能力，反映了元素原子在化合物形成过程中呈现的化学特性。许多元素具有变价特性，在不同化合物中可能表现出不同的化合价态。化合价可分为正价和负价两种形式；而在单质分子中，元素的化合价规定为零。

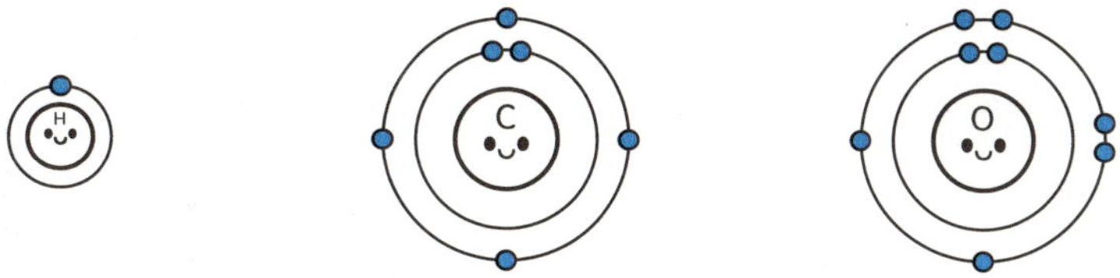

氢（化合价为 +1）　碳（化合价为 +4，-4）　氧（化合价为 -2）

中国智慧

化合价的正负属性（如 +1 价与 -1 价）体现了中国哲学中“阴阳对立统一”的思想。例如，化合物中正负化合价的代数和为零的规则，类似于阴阳的动态平衡——正价与负价的相互抵消与依存，正如《易经》所述“一阴一阳之谓道”。

——您最初攻读医学，是什么促使您彻底转向化学研究？

弗兰克兰：从医学到化学的转向，说到底是兴趣使然。解剖刀下的人体组织与烧瓶中的分子结构，本质上都在诉说物质的构成法则。化合价理论让化学从经验性的“炼金术”，迈向基于规则的理性科学，而我有幸成为这个转变的见证者与参与者。

——您在实验室以严格著称，私下却被称为“化学玩具发明家”？

弗兰克兰：在实验室时，我常对学生说，烧杯壁上的一丝杂质，可能让整个反应成为“糊涂账”。他们给我起了个外号叫“玻璃仪器检查官”，因为我确实会用放大镜查看蒸馏瓶是否洗干净了。但回到家，仪器设备就变成了女儿们的最佳玩具。在我看来，严谨是科学的骨骼，而对生活的热爱才是它的血肉。

历史盲盒

阿伦尼乌斯方程

阿伦尼乌斯

用于描述化学反应的反应速率常数随温度变化关系的公式。

姓　名　阿伦尼乌斯（Svante August Arrhenius，1859—1927）

国　籍　瑞典

贡　献　提出阿伦尼乌斯电离理论；建立阿伦尼乌斯方程；最早对血清疗法的机理做出化学上的解释

原理解读

面团为什么会“挑温度”？

你是否注意过这样一种现象：加入酵母的面团放在室温下会慢慢发酵膨胀，而放进冰箱里的面团发酵速度则要慢得多。这一现象不仅困扰着烘焙新手，也曾引发科学家的深度思考：为什么相同的反应在不同温度下，速率会有如此大的差异？其实，这背后隐藏着化学反应的一个重要规律——温度会影响反应速率。

用实验揭示速率与温度的关系

1884 年冬天，年轻的瑞典化学家阿伦尼乌斯在实验室里研究蔗糖的水解反应。他向溶液中加入盐酸，并精确测量不同温度下反应进行到一半所需的时间。实验结果让人惊讶：10℃时需 120 分钟，20℃时缩短到 30 分钟，30℃时仅需 8 分钟……当他将数据绘制成图时，随着曲线的趋势逐渐变得明显，一个想法开始在他脑中清晰起来——温度不仅影响分子运动的速度，更可能与反应的“门槛”有关。

一堵名为“活化能”的墙

阿伦尼乌斯提出，化学反应并非分子间随意碰撞就能发生的，而是需要克服一个能量壁垒——活化能。可以想象，反应物分子就像一群青蛙，想要转化成生成物，必须跳过一堵墙。墙越高，能跳过去的青蛙就越少，反应就越慢。而温度升高时，青蛙们获得了更多能量，能跳过去的也就更多，反应速率自然加快。这一理论不仅解释了温度与速率的关系，还成为化学动力学的重要基石。

知识沉淀

阿伦尼乌斯方程

描述化学反应速度常数 k 与温度 T 之间关系的公式。揭示了温度如何影响反应体系中能跨越能垒（活化能）E_a 的分子比例，从而决定反应速率。

$$k = Ae^{-\frac{E_a}{RT}}$$

反应速率常数（k）　指前因子（A）　活化能（E_a）　温度（T）　理想气体常数（R）

中国智慧

在锂离子电池研究领域，中国科学家通过阿伦尼乌斯方程模拟正极材料（如 $LiFePO_4$）的氧化还原动力学，优化电池的高温稳定性与循环寿命。此外，燃料电池的催化剂设计也依赖该方程来预测反应速率。

历史盲盒

——您在一个多世纪前就预言了气候变暖，却未受到重视？

阿伦尼乌斯：1896 年，我发表《大气中碳酸对地面温度的影响》，推算二氧化碳可使地面升温 5~6℃。直到基林曲线证实二氧化碳浓度上升，我的研究核心结论才与现代模型吻合，数值差异源于对复杂气候机制的认知迭代。科学本就是向未知的长距离投球——重要的是敢于探索，自然终将回馈耐心的观察者。

——为什么您在第一次世界大战时坚持中立，甚至邀请研发毒气的哈伯讲学？

阿伦尼乌斯：战争爆发后，实验室也成为各国的重要阵地。哈伯在 1909 年合成氨的突破惠及全球农业，而战时他参与氯气研发，这实乃悲剧。我认为，科学应超越国界。科学家既可为人类增产粮食，也可能被战争裹挟——但我们须守护知识的纯粹性。

17

勒夏特列原理——勒夏特列

如果改变影响平衡的一个因素（如温度、压强及参加反应的物质的浓度），平衡就向着能够减弱这种改变的方向移动。

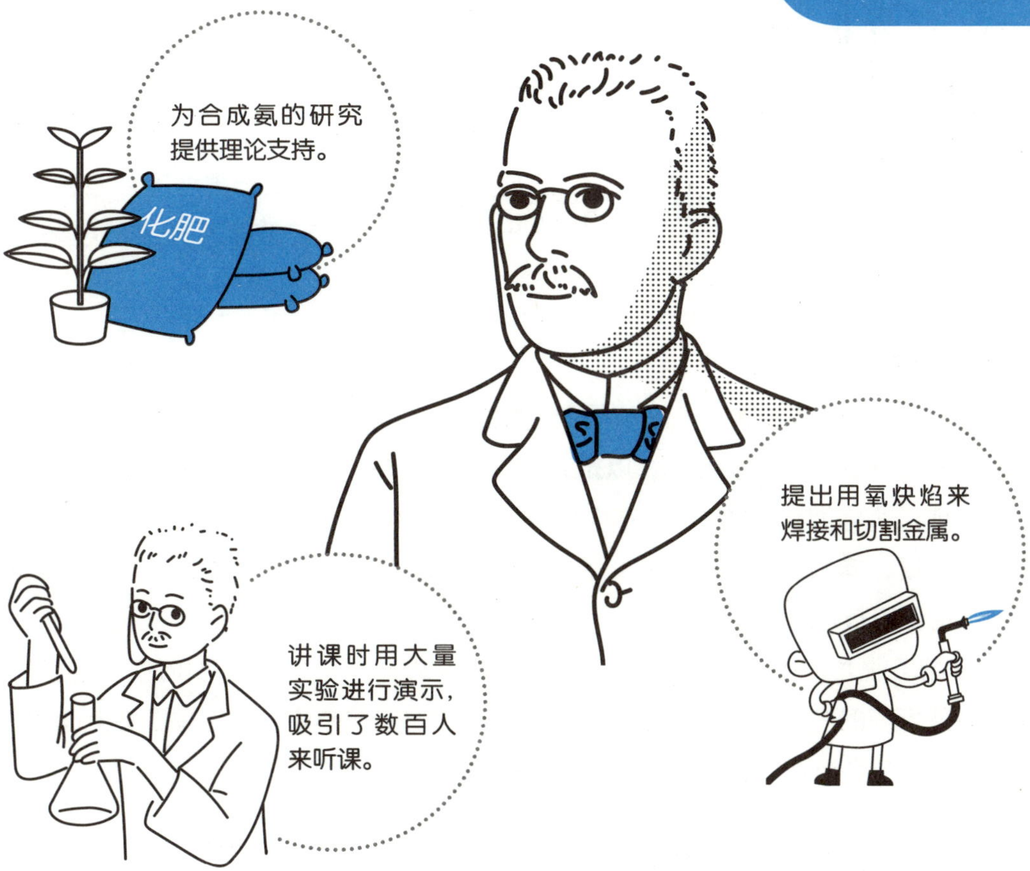

姓　名　勒夏特列（Henry Louis Le Chatelier，1850—1936）

国　籍　法国

贡　献　提出勒夏特列原理；改进热电偶和光学高温计

原理解读

工厂难题：原料加倍，产量不变？

19 世纪末，化学工业快速发展，许多工厂却发现一个令人困惑的现象：虽然已经成倍地加大原料投入，产物的产量却并不总是随之增加。直到法国化学家勒夏特列提出著名的平衡移动原理，这一难题才被解开。原来，很多化学反应是可逆的，在可逆反应中，物质的转化会达到一个“限度”，这时我们称这个反应达到了化学平衡状态。工厂的产量不再增加，也就是反应“卡”在了平衡状态的缘故。

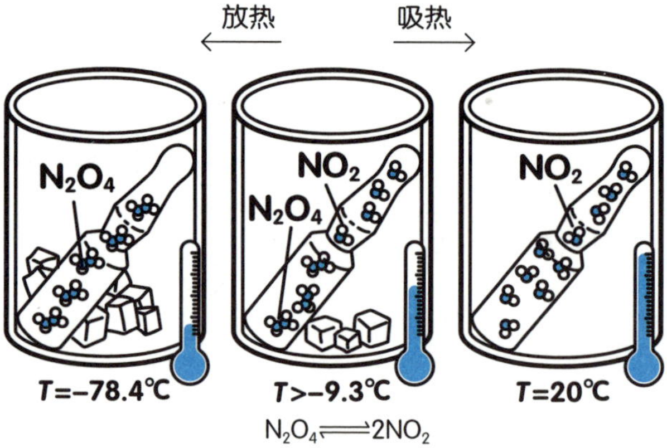

反应体系也会“自救”

反应达到平衡状态后，一旦外界条件发生变化，体系会“察言观色”，朝着能够减弱这种变化的方向调整自己，以重新建立新的平衡。例如，在一氧化碳和水蒸气反应生成二氧化碳和氢气（$CO+H_2O \rightleftharpoons CO_2+H_2$）的实验中，勒夏特列尝试增加水蒸气的浓度，体系便向生成更多二氧化碳的方向偏移；当他升高温度，反应又朝着吸热的逆反应方向退回。

又如工业上关键的合成氨反应（$N_2+3H_2 \rightleftharpoons 2NH_3$），它是放热反应，温度升高反而会降低氨的产量，因为反应倾向于分解氨气来吸收热量。这也是工业上必须在高压、适中温度和催化剂共同作用下，才能提高氨气产率的原因。

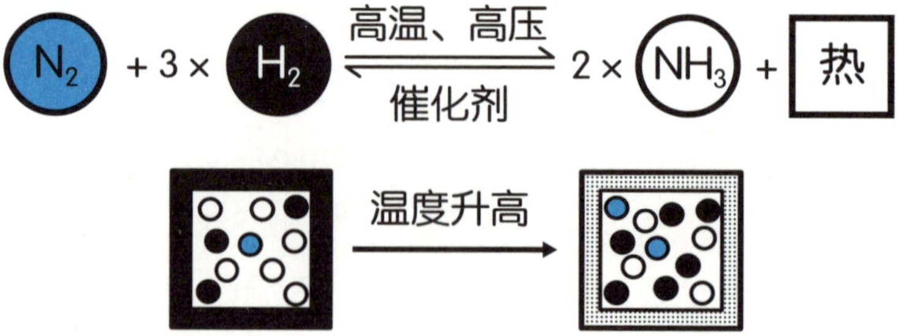

知识沉淀

勒夏特列原理

在已达到化学平衡（化学反应、溶解平衡等）状态的系统中，如果改变影响平衡的一个条件（如参加反应的物质的浓度、温度、压强），平衡将向着能够减弱这种改变的方向移动。

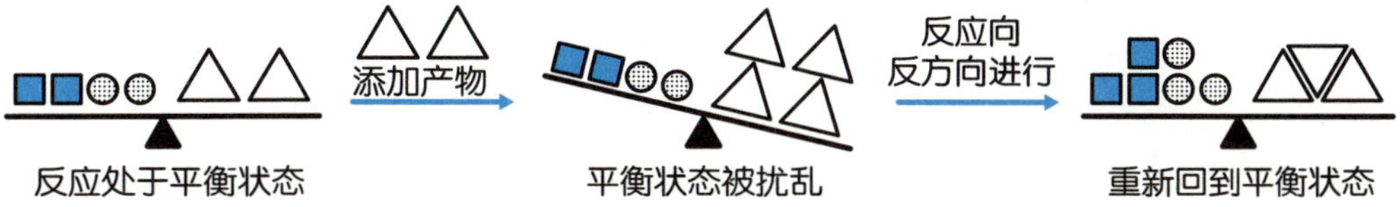

想一想

从勒夏特列原理角度，温度降低如何影响 CO_2 在啤酒中的溶解度？为什么开瓶后冰啤酒的气泡更容易喷涌？

——您早年从事的是采矿与冶金研究？

勒夏特列：对，我的研究范围很广泛，既有基础化学，也有应用化学。那时候，法国发生了一系列矿难，于是我开始研究矿井里的气体组成，尤其是“沼气”——它无色无味，却能瞬间引发爆炸。我设计了一种能检测极微量沼气的装置，这在当时是全新的尝试。我还研究了爆炸反应，让矿工们可以更安全地使用炸药。对我来说，这不仅是科学家的义务，也是一个名人公民的社会责任。

——有人提出某些反应并不符合勒夏特列原理，您如何回应？

勒夏特列：的确有人提出“稀有气体加入恒温恒容反应体系，平衡不移动”作为反例，但我必须指出，原理的适用前提是“参与反应的物质浓度或分压改变”。科学理论本就是简化模型，其价值在于解释多数情况并指导实践。就像牛顿力学在微观领域失效，但仍是宏观世界的基础——勒夏特列原理的核心是揭示平衡调控的逻辑方向，而非穷尽所有细节。

历史盲盒

催化剂 —— 奥斯特瓦尔德

能改变化学反应速率，且本身的质量和化学性质并不改变的物质。通常把加速化学反应的物质叫正催化剂，延缓化学反应的物质叫负催化剂。

姓　名　奥斯特瓦尔德（Friedrich Wilhelm Ostwald，1853—1932）

国　籍　德国

贡　献　提出了奥斯特瓦尔德稀释定律；发明由氨经过催化氧化制造硝酸的方法；解释酸碱指示剂的变色机理；物理化学学科的奠基人之一

原理解读

化学反应的“捷径大师”

在汽车尾气处理装置中，有一个神奇的金属蜂窝结构——三元催化器。看似普通的金属装置，却能将汽车尾气排出的一氧化碳、碳氢化合物和氮氧化物等有害气体通过氧化还原迅速转变为无害的二氧化碳、水和氮气。这种转变的背后推手就是催化剂。

催化剂的发现

19 世纪初，科学家们注意到一些物质能加速化学反应进行，但自身却不参与反应，这种神奇的现象引发了广泛关注。1835 年，瑞典化学家贝采利乌斯首次提出“催化”这一概念。半个世纪后，德国化学家奥斯特瓦尔德将催化研究推向新高度。

奥斯特瓦尔德在系统研究氨的氧化反应时，发现在常温常压下，氨气和氧气混合几乎不发生反应。但当放入铂金属丝后，反应在温和的条件下迅速生成一氧化氮和水，而铂丝始终保持原状。这一突破不仅验证了催化剂的强大魔力，更为现代化肥工业奠定了基础。

催化剂——化学反应的“幕后导演”

催化剂并不会变成反应的生成物，而是降低了反应所需的“门槛”——活化能。可以想象，它像给反应分子修了一条捷径，“指导”更多分子能顺利“爬坡”完成反应。催化剂有两大原则：不改变产物、不被消耗。正因如此，它们被称为化学反应中的“幕后导演”。

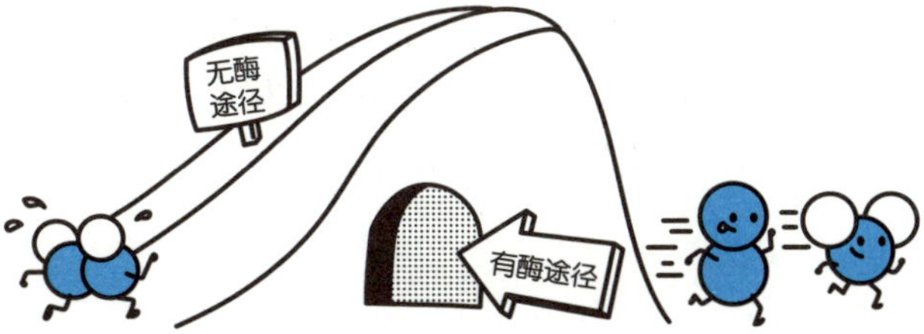

知识沉淀

催化剂

在化学反应中，能加快或减慢化学反应速率，而本身的质量和化学性质在反应前后都没有发生变化的物质，叫作催化剂。

催化剂的特点如下。第一，不改变生成物的质量。催化剂只影响反应速率，不影响最终产物的质量。第二，具有选择性。一种催化剂可能只对某一特定反应起作用，同一反应也可能有不同的催化剂。

中国智慧

中国在汽车尾气净化、工业废气处理中广泛应用催化剂技术。昆明贵金属研究所研发的含适量贵金属的稀土基汽车尾气净化催化剂，通过铈、镧等元素提升一氧化碳和氮氧化物的转化效率，助力“双碳”目标实现。

——您在 1902 年发明奥斯特瓦尔德法制造硝酸，后来被用于在战争中制作炸药。对此您怎么看?

奥斯特瓦尔德：我的初衷是制造化肥，养活更多的人。但后来，这项技术也被用于制造火药和炸药，用于战场。其实，科学成果的去向，不由反应路径决定，而在人心。我不能为人类的选择负责，但我始终相信，科学的本意是建设，而非破坏。

——您作为诺贝尔化学奖得主，晚年却投身哲学与色彩学研究，是否偏离了化学家的本职?

奥斯特瓦尔德：不，我从未偏离，而是一直在追寻自然的规律与秩序。我参与创建了物理化学这门学科，也参与建立现代颜色体系，还写了《自然哲学概论》一书。我相信，理解世界的方式不止一种。即使放下了滴定管，我仍在用其他方式探索自然。

历史盲盒

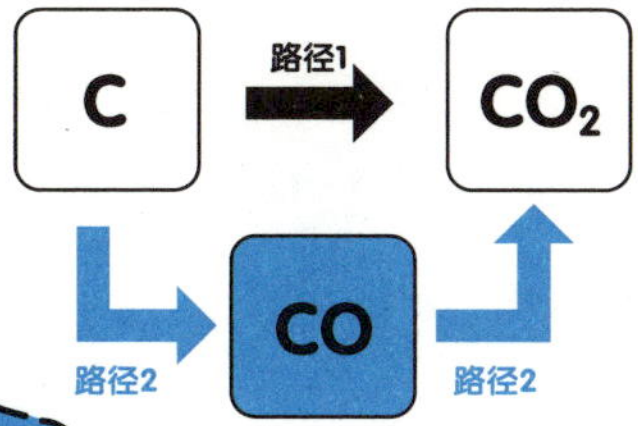

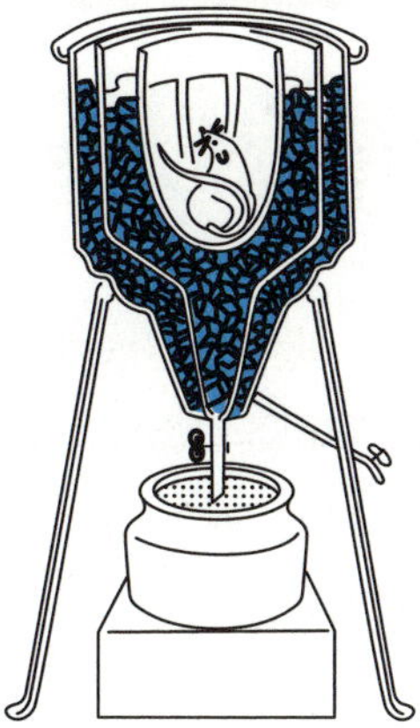

第三章

化学热力学

解读能量转换的基本规律

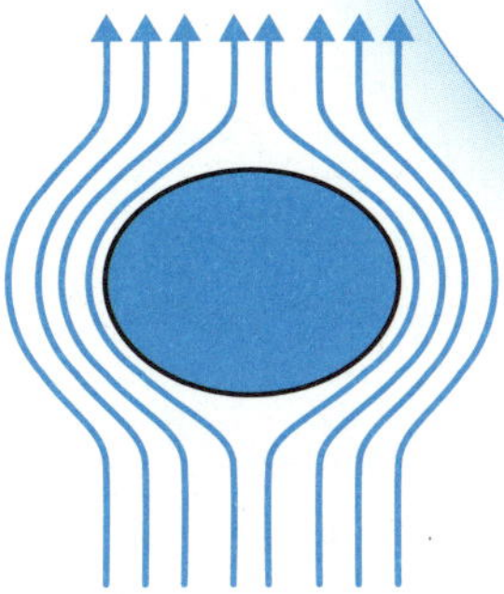

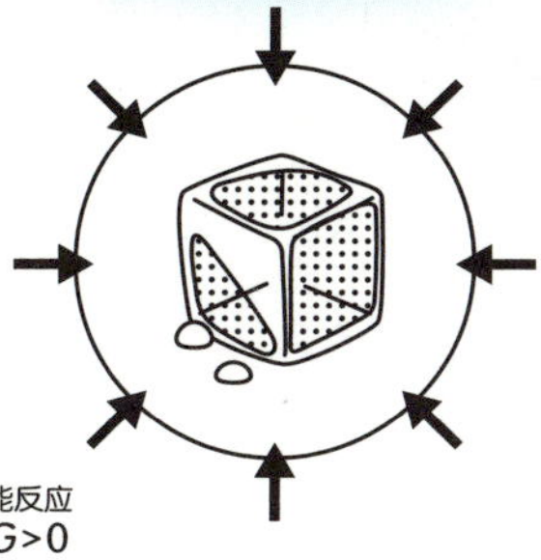

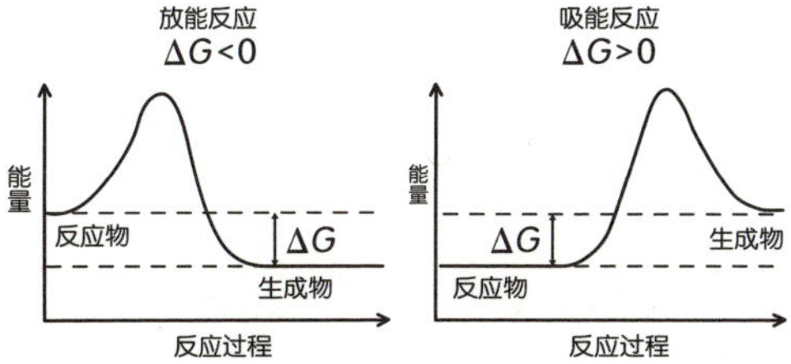

反应热

拉普拉斯

在等温条件下，化学反应体系向环境释放或从环境吸收的热量，称为化学反应的热效应，简称反应热。

姓　名　拉普拉斯（Pierre-Simon Laplace，1749—1827）

国　籍　法国

贡　献　提出星云说；提出拉普拉斯定理；提出拉普拉斯变换和拉普拉斯方程

原理解读

热量也能被称重?

200 多年前，法国化学家拉瓦锡天天盯着眼前燃烧的蜡烛发呆：蜡油燃烧时是将化学能转化为热能，那逆向反应是不是需要吸收同样多的能量？这个看似脑洞大开的问题，竟成了现代热化学的起点。拉瓦锡找来数学家拉普拉斯，两人决定用冰块来称一称化学反应中的热量究竟藏在哪里。

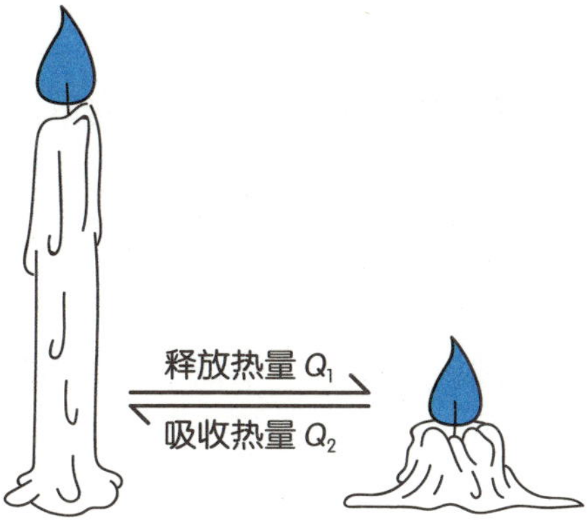

冰量热计实验：18 世纪的热力学启蒙

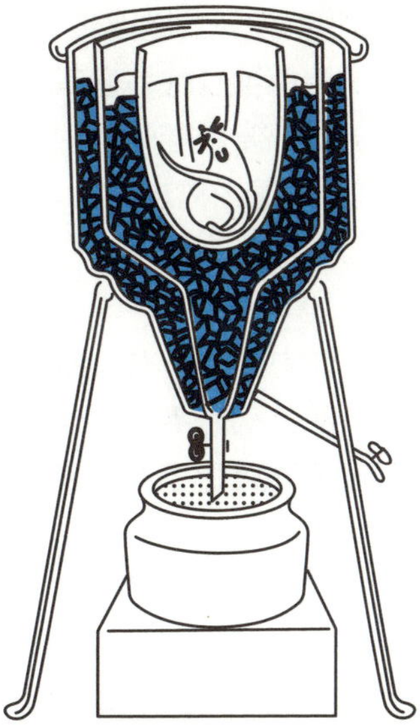

1782 年，拉瓦锡和拉普拉斯捣鼓出一个神奇的装置：冰量热计。他们将实验容器置于冰块包围的密封环境中，通过冰的融化量来测量反应中释放的热量。

他们先将一只豚鼠放在充满氧气的冰量热计中。豚鼠呼吸会产生二氧化碳，过程中产生的热量对应融化 13 份冰块。随后，他们再在装置中燃烧木炭，使之生成等量的二氧化碳，结果发现仅融化 10.38 份冰块。产生的二氧化碳量相同，但融冰量不同，说明两者释放的热量不一样。拉瓦锡由此提出“呼吸是一种缓慢燃烧或氧化反应”，首次用化学解释生命活动。但他并没有意识到呼吸不仅是氧化反应，还有一部分能量用于维持生命活动（如肌肉收缩、体温调节），误将热量差异归因于实验误差。

虽然冰量热计实验并未直接验证“正逆反应热量相等”，但它实现热量的定量测量，提出能量守恒的朴素猜想，为热力学的发展奠定了基础。

知识沉淀

放热反应

吸热反应

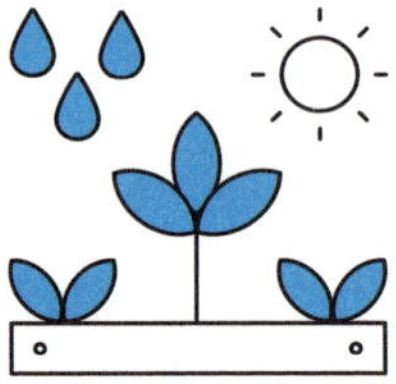

反应热

在等温条件下，化学反应体系向环境释放或从环境吸收的热量，称为化学反应的热效应，简称反应热。

冰量热计

通过测量反应过程中冰融化的量来定量测定热量变化。这个装置首次实现了对化学反应热的精确测量，为热化学奠定了实验基础。

想一想

冬天把一块刚煮好的热红薯放进装满冰块的保温箱，冰块融化了一部分，如何用“冰量热计”的原理算出红薯放出了多少热量？

历史盲盒

——您曾与拿破仑交往密切？

拉普拉斯：作为拿破仑的科学顾问，我曾短暂担任内政部长，但更倾向以科学服务社会。我认为科学需保持独立性，但其应用可推动技术进步与社会变革。这种务实态度贯穿于我对巴黎综合理工学院的改革，力求将科学教育与国家需求结合。

——可以简单介绍一下您在天体力学领域的研究吗？

拉普拉斯：我致力于用数学方法研究太阳系稳定性，撰写了《天体力学》一书，系统阐述行星摄动、潮汐现象等理论，证明太阳系可在引力作用下保持动态平衡。这些研究进一步完善了牛顿力学，也为现代航天动力学和天体演化研究奠定了基础。因此，人们常说，我是“将宇宙变成钟表的人”。

热力学第一定律

焦耳

能量既不会凭空产生，也不会消失，能够在物体间传递，也能与其他形式的能量相互转化。在各种形式的能量转化或传递过程中，总能量保持不变。

姓　名　焦耳（James Prescott Joule，1818—1889）

国　籍　英国

贡　献　提出焦耳定律；测定了热功当量；能量守恒定律的发现者之一

原理解读

“永动机”招摇过市

你听说过“永动机”吗？在能量守恒定律提出之前，不少人幻想能造出永不停止运转的机器。17 至 18 世纪，欧洲时常出现所谓“永动装置”，一些人甚至靠它招摇撞骗、牟利。为此，1775 年法国科学院郑重宣布：“永不再审理永动机专利申请。”这一声明也给违背自然法则的幻想画上了句号。

焦耳的桨轮实验——测定热功当量

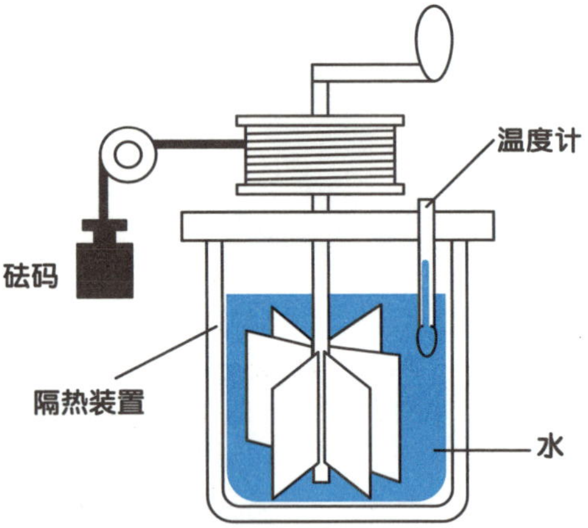

19 世纪，科学家们开始探索不同形式能量之间的联系。德国医生迈尔最早提出：机械能和热能之间可能存在定量转化关系。英国物理学家焦耳通过著名的桨轮实验验证了这一猜想。下落的砝码带动水中的桨轮转动，水温随之升高。焦耳发现，一定量的机械功总能转化为固定量的热量。经过反复测量，他得出一组关键数据：1 千克重的砝码下落 427 米所做的功，恰好能让 1 千克的水温度升高 1℃。这个比例关系就是“热功当量”。这个实验首次证明了热能和机械能可以相互转化，并且存在固定的转化比例，即 1 卡路里约等于 4.18 焦耳。

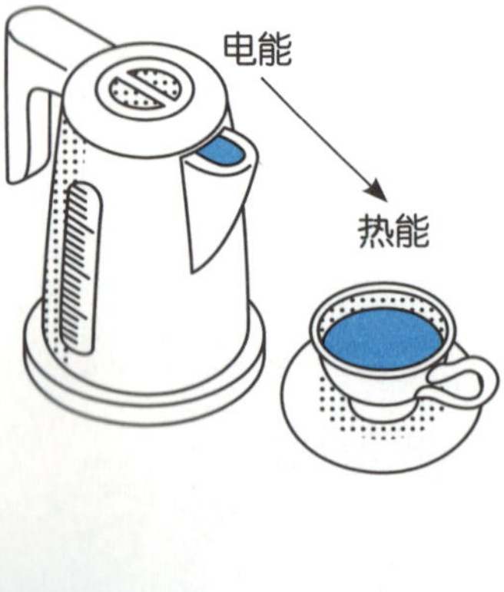

热力学第一定律——能量守恒

热力学第一定律本质上是能量守恒定律：能量既不会凭空产生，也不会无故消失，只能从一个物体转移到另一个物体，或者从一种形式转化为另一种形式。比如电器将电能转化为光能、热能等多种形式。无论能量经历多么复杂的转化过程，整个宇宙的能量总量始终保持恒定，这正是能量守恒定律的精髓所在。

知识沉淀

热力学第一定律

能量既不能被创造，也不能被消灭，只能从一种形式转化为另一种形式。在热力学过程中，一个热力学系统的内能增量等于外界向它传递的热量与外界对它所做的功的和。

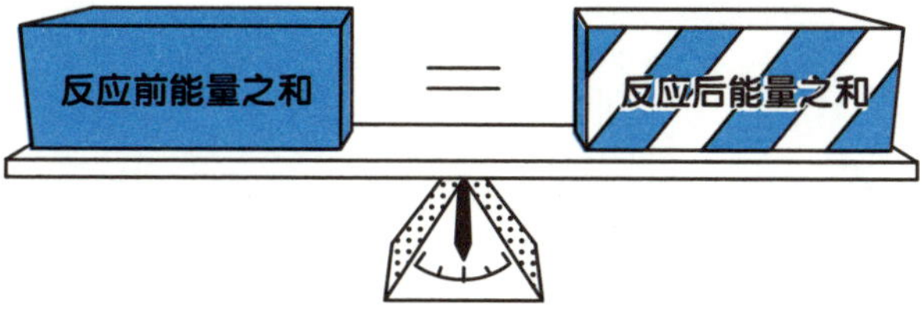

中国智慧

宋代记载的马骑灯利用燃烧蜡烛产生的热气流推动叶轮旋转，灯罩上的剪纸随气流转动形成动态影像。此过程中化学能到内能再到机械能的转化，完美体现了能量守恒定律，其设计比西方蒸汽机早数百年。

——您的家族酒厂对您的科学研究有没有什么影响？

焦耳：当然有。酒厂的工作让我从小就接触各种机械设备，很早就培养起了动手能力。后来做实验，比如设计桨轮装置、精确测温，都离不开这种实践经验。反过来，我在科学实验中积累的测量和控制技巧，也被用来改进酿酒流程，比如精准调控发酵温度。实践和理论不断循环，帮助我把科学和生活紧密结合起来。

——您的研究成果一开始似乎并没有引起太大关注？

焦耳：确实，起初很多人觉得我的研究太“工匠”，不够“理论”。但我始终认为，科学必须以实验为根本。我坚持改进实验装置，努力降低误差，花了二十多年才把热功当量的误差控制在 1% 以内。最终，1850 年英国皇家学会授予我科普利奖章，也证明了实验精神终将获得认可。能量守恒定律能成为物理学的基石，这份坚持是值得的。

历史盲盒

盖斯定律

盖斯

在一定条件下，化学反应的反应热只与反应体系的始态和终态有关，而与反应的途径无关。

姓　名　盖斯（Germain Henri Hess，1802—1850）

国　籍　俄国

贡　献　提出盖斯定律；发现糖氧化生成酸；编写《纯粹化学基础》

原理解读

不同路径，能量一致

从一楼到五楼，我们可以慢慢走楼梯，也可以乘电梯直达——无论哪种方式，总高度差是一样的。19 世纪的俄国化学家盖斯在实验室里也遇到了类似的问题：同一个化学反应，如果分不同路径完成，释放或吸收的热量是否一样？这个疑问推动他发现了热化学中一条关键规律——盖斯定律。

碳里“烧出”的盖斯定律

盖斯通过一系列巧妙实验验证了这个设想。他先让碳直接完全燃烧生成二氧化碳，然后，他又让等量的碳不完全燃烧生成一氧化碳，再让生成的一氧化碳继续和氧气反应生成二氧化碳。比较两种情况后，他发现，虽然中间过程不同，但两种路径释放的热量完全一致。这就像爬山的路线不同，但山脚到山顶的高度差始终不变。

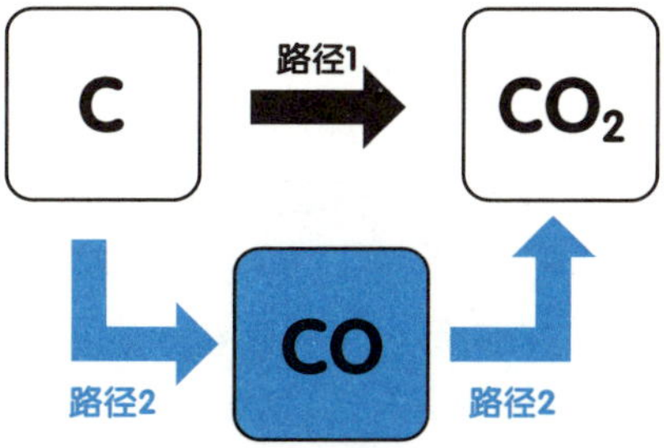

经过大量实验积累，盖斯在 1840 年提出了著名的盖斯定律：化学反应的热效应，只取决于反应的起始状态和最终状态，与反应路径无关。

盖斯定律——用爬山的方式打开

简单来说，一个化学反应，不管是一步完成的还是分几步完成的，其热效应是相同的。就像我们爬山，从山脚到山顶，不管我们是一步一步慢慢走，还是开车从盘山公路上去，甚至是坐缆车直达山顶，我们爬的总高度都一样，人的势能变化也一样。

这一发现为工业生产中精确计算能量收支提供了理论支持，也成为热力学第一定律的重要实验基础。

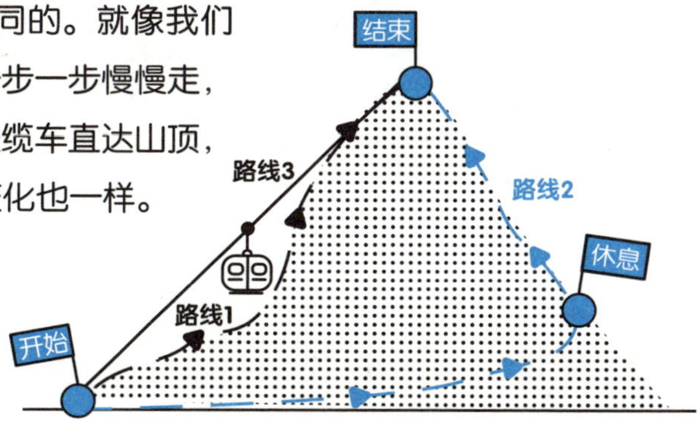

知识沉淀

盖斯定律

在一定条件下，化学反应的反应热只与反应体系的始态和终态有关，而与反应的途径无关。

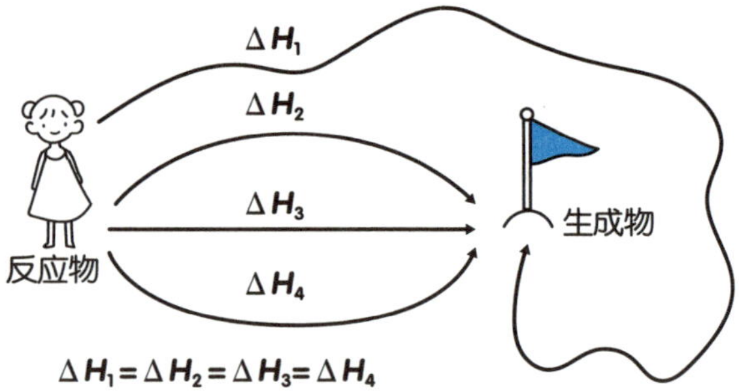

$$\Delta H_1 = \Delta H_2 = \Delta H_3 = \Delta H_4$$

想一想

食品包装上的热量值通常通过实验室燃烧法测定，而这一数值被认为近似等于人体消化吸收后获得的能量。请用盖斯定律解释这一现象背后的科学逻辑。

历史盲盒

——为什么您编写的化学教科书如此受欢迎？

盖斯： 我深知当时的俄国比以往任何时候都更需要化学普及和教育，可教材却非常匮乏。所以，我决定编写一部系统而通俗地介绍化学及最新科研成果的教材。《纯粹化学基础》历经七版，最后一次出版于 1849 年。每版我都亲自进行修订和更新。许多杰出的俄国化学家，比如门捷列夫，都是依此教材学习的。

——您在科研生涯中如何平衡教学与研究？

盖斯： 我在圣彼得堡大学任教时，始终努力平衡教学与研究。于教学，我希望将化学知识系统传授给学生，为俄国培养更多专业人才；于研究，热化学等领域的未知始终吸引着我。我常将课堂作为梳理思路的场所，从与学生的交流中获得启发，又将最新科研成果融入讲义。如此，教学与研究相辅相成，既不辜负学生的求知欲，也不放弃对科学真理的追寻。

焓

昂内斯

为了描述等压条件下的反应热而引入的与内能有关的参数。数值上等于系统的内能加上压强与体积的乘积，常用符号 H 表示。

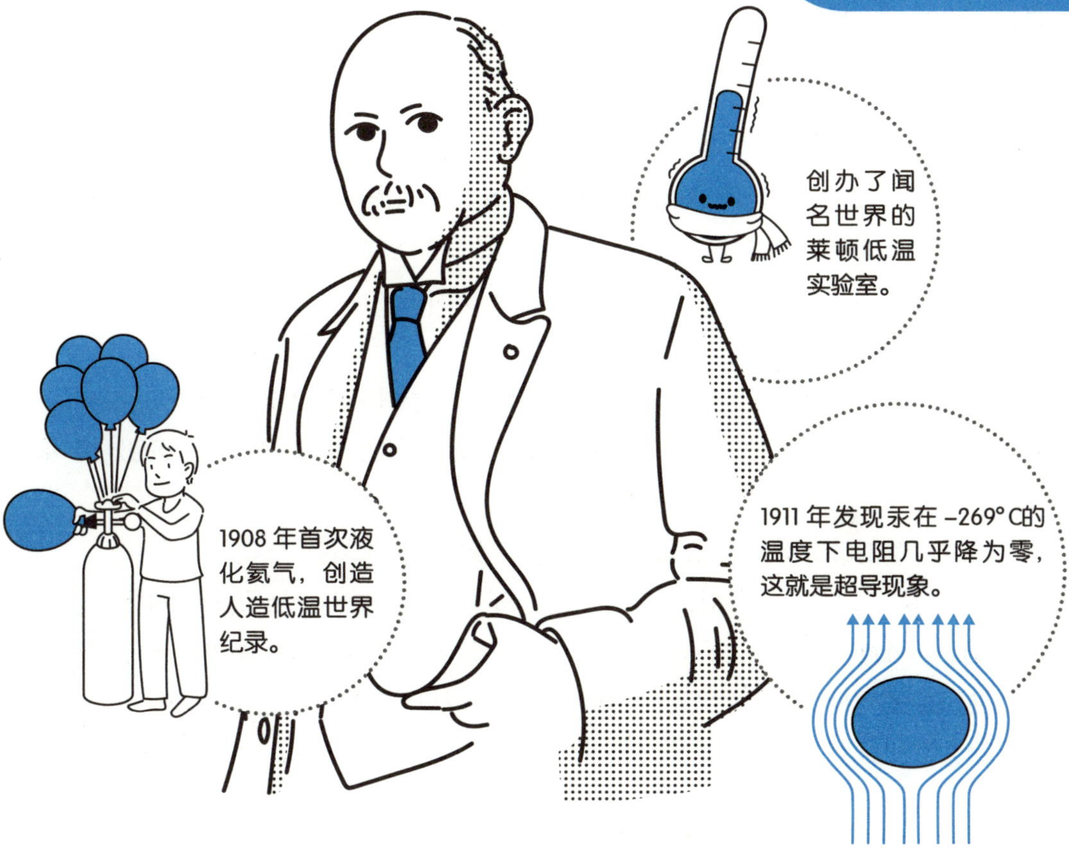

姓　名　昂内斯（Heike Kamerlingh Onnes，1853—1926）

国　籍　荷兰

贡　献　发现超导性；实现氢和氦的液化

原理解读

焓从何而来?

你观察过烧水的过程吗？火焰把热量传递给水壶，水温会逐渐升高直至沸腾。在这个过程中，一部分热量让水分子运动加快，使水温上升；当水沸腾时，热量会帮助水分子挣脱束缚变成水蒸气；还有一些热量会散失到周围空气中。为了精确追踪这些能量的去向，科学家引入了“焓（*H*）”的概念。

焓——物质的“能量账本”

1908 年，昂内斯在巴黎国际制冷学会会议上首次提出“焓”的概念。简单来说，焓就像一个记录物质能量的 “账本”，里面记录着两部分内容：

一是物质内部的能量（内能 *U*），包括分子因热运动产生的动能，以及分子间作用力形成的势能；

二是物质对外所做的功（*pV*：*p* 代表压强，*V* 代表体积），比如水壶里的水烧开时，水蒸气膨胀推开盖子的过程中，需要克服大气压力和壶盖重力做功，这部分能量就藏在 *pV* 里。

因此，焓的计算公式可以写成 $H=U+pV$，它代表物质的“总能量状态”。

“焓变（ΔH）”就像这个 “能量账本”的金额变化：当反应物的焓大于生成物的焓时，ΔH 为负值，说明能量像水从高处流出一样释放到环境中；当反应物的焓小于生成物的焓时，ΔH 为正值，说明系统需要从环境中吸收能量，就像海绵吸水一样。通过焓和焓变，科学家能更方便地计算化学反应中的能量流动，丈量物质的变化。

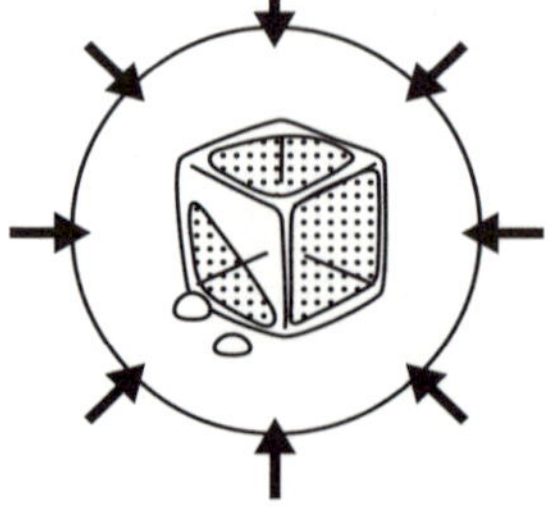

吸收热量（$\Delta H>0$）

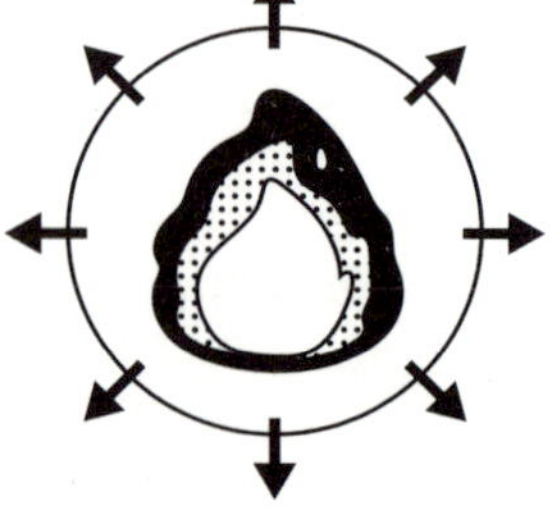

放出热量（$\Delta H<0$）

知识沉淀

焓（H）

表征物质系统能量的一个重要状态参量，等于内能与压强和体积的乘积之和，常用符号 H 表示。

焓变（ΔH）

表示在恒压条件下，系统吸收或放出的热量，单位为 kJ/mol。放热反应：$\Delta H<0$（反应物焓 > 生成物焓）；吸热反应：$\Delta H>0$（反应物焓 < 生成物焓）。

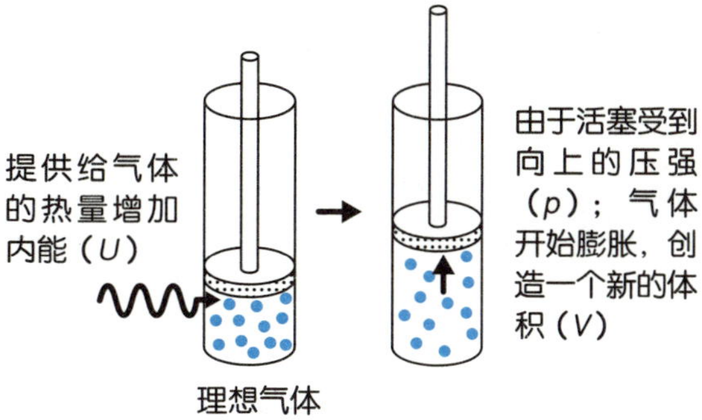

想一想

冬天用热水袋取暖时，热水袋散热的过程和“焓”有什么关系？

历史盲盒

——您在 1911 年发现超导现象，实验过程中遇到过哪些难题？又是如何解决的？

昂内斯：开展低温下金属电阻的测量实验时，线路受低温影响易出故障。在研究汞的电阻特性时，当温度降至液氦沸点以下，样品电阻值突变零，我们一度认为是线路短路所致。为确保可靠性，我们反复检查，进行多次重复实验，最终确认这是材料电阻真实消失的物理效应，成功观测并证实了超导现象。

——可以介绍一下您建立的莱顿低温实验室吗？

昂内斯：我深知低温研究需专业设备与环境，1894 年便决心在莱顿大学建立低温实验室。这里不仅能系统开展气体液化研究，更可吸引全球学者交流合作。我们通过改良液化装置、精准控制温度，逐步实现氦气液化，为低温物理研究奠定基础，让实验室成为探索物质低温特性的前沿阵地。

熵

克劳修斯

描述热力学系统状态的物理量，可以用来表达一个系统的无序程度。系统从有序向无序发展的过程中，熵在增加。

姓　名　克劳修斯（Rudolf Julius Emmanuel Clausius，1822—1888）

国　籍　德国

贡　献　提出“熵”的概念；将热力学理论体系化；发展气体动理论

万物天生爱"摆烂"

你有没有发现，有序的东西总会悄悄走向混乱？整理好的房间过几天又乱了，墨水滴进水里会慢慢扩散，冰激凌在夏天会慢慢融化成液体……这些日常中司空见惯的"秩序解体"，正是熵增定律在悄然发挥作用。它支配热量的流动、分子的运动，让一切自发地向更混乱、更分散的状态演化。

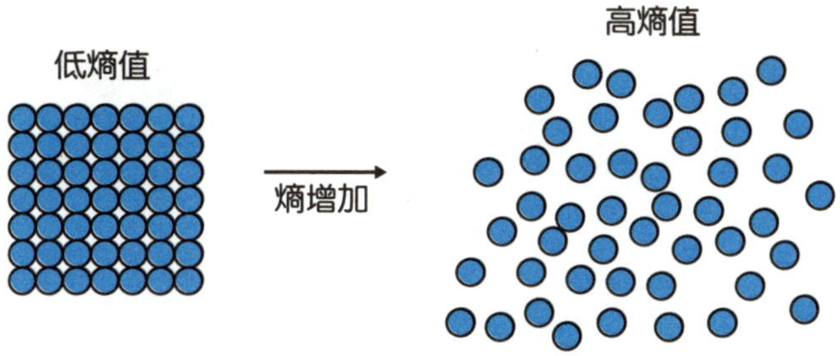

从热机疑问到熵的诞生

19 世纪，工业革命的蒸汽机轰隆作响，推动火车飞驰前行。然而工程师卡诺却在思考一个问题：为什么热量不能全部变成动力？几十年后，德国物理学家克劳修斯给出了解答。他发现，热量传递的方向性和能量"变得没用"这件事密切相关。

沸腾的水蒸气可以驱动蒸汽机，但一旦热量散逸到周围环境中，就难以重新收集利用。克劳修斯将这种能量的不可逆耗散现象量化为一个新概念——熵。他指出，当热量从高温物体自发传递到低温环境时，虽然遵循能量守恒定律，但系统的熵值必然增大，这意味着可用能量不可避免地发生了耗散。

能量的命运：从可用到"无用"

我们常说能量守恒，但被用过的能量并非还能原样再用。当热量从锅中散入空气，当手机电量变成了屏幕的亮光和机身的热量，这些能量仍然存在，但已变得分散、不易利用。熵的增加正代表着这种"能用的能量"在不断减少。这也是为什么提升能效、发展可再生能源如此关键。

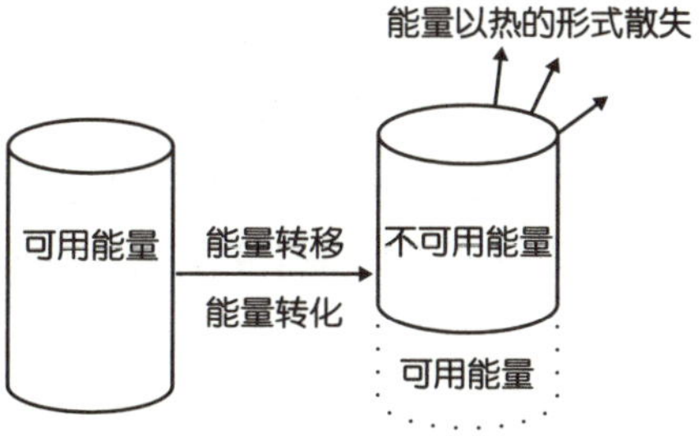

知识沉淀

熵

热力学中表征物质状态的参量之一，用来描述系统的无序程度，用符号 S 表示。系统的无序程度越高（如分子运动越混乱），熵值越大。

熵增原理

在孤立系统中，一切自发过程总是沿着熵值增大的方向进行。

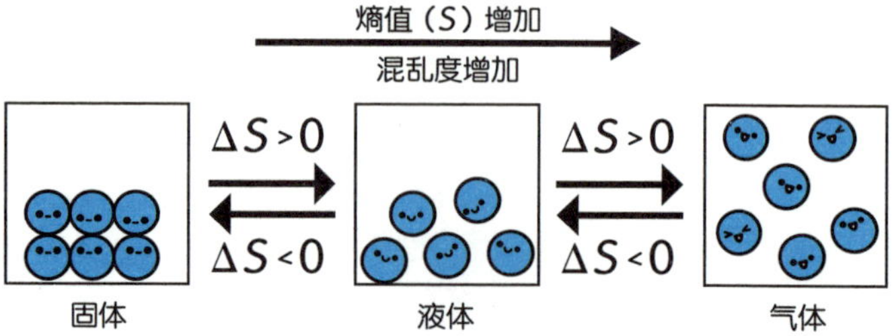

冰激凌融化了，气球瘪了，香水味变淡了……生活中还有哪些“熵增”现象？

想一想

——您在普法战争中组织救护队救助伤员，还受了伤，能谈谈这段经历吗？

克劳修斯：作为科学家，我觉得除了研究，还应该尽力帮助有需要的人。那时战场上伤员非常多，所以我带领学生组织了一支救护队，亲自奔走救助伤员。在救护过程中，我的膝盖受了永久性的伤，从此行动不便。但看到伤员们因为我们的努力得到及时治疗和照顾，我觉得一切付出都是值得的。

——可以介绍一下您的家庭吗？

克劳修斯：我的妻子阿德莱德早逝，在很长一段时间里，我一人抚养六个孩子。说实话，那时候家里总是乱哄哄的——桌上既有方程的草稿，也有孩子们的蜡笔涂鸦。好在孩子们总算在学术氛围中成长，其中几个还走上科研道路，对此我深感欣慰。

历史盲盒

热力学第二定律

汤姆孙

不可能从单一热源吸收热量，使之完全变成功，而不产生其他影响。

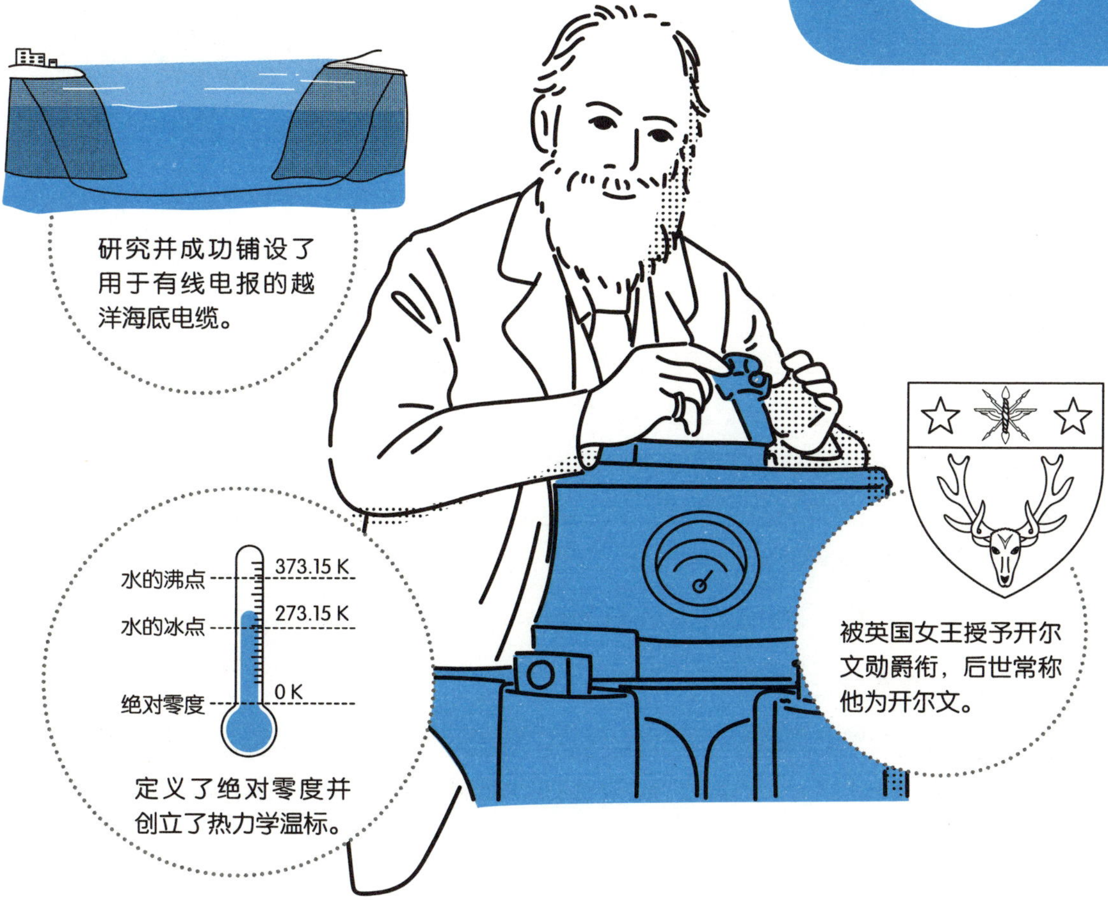

姓　名　威廉·汤姆孙（William Thomson，1824—1907）

国　籍　英国

贡　献　创立热力学温标；参与确立热力学第二定律；主导跨大西洋电报电缆工程；通过热传导理论估算地球年龄

原理解读

热力学第二定律的经典表述

19 世纪中期，科学家们在研究热与能量转化时，发现能量虽然守恒，但在转化过程中总有一部分会不可避免地以热的形式散失。德国物理学家克劳修斯提出：“热量不能自发地从低温物体传向高温物体。” 英国物理学家汤姆孙进一步指出：“不可能从单一热源吸取热量，并将其完全转化为有用功。” 这些经典表述共同构成了热力学第二定律的核心内容：自然过程具有方向性，孤立系统中的自发过程总会伴随着熵的增加。

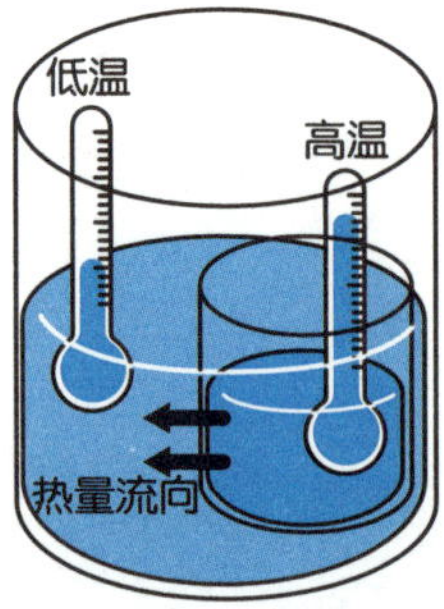

从热机到汤姆孙的表述

1824 年，法国工程师卡诺在脑海中构建了一台完美热机：高温热源的热量推动活塞做功，剩余热量排向低温热源。然而计算结果令人震惊——即使消除所有摩擦损耗，热机效率也永远达不到 100%。二十多年后，汤姆孙重新研究了卡诺的理论，指出机械能可以完全转化成热能，而热能不可能完全转化为机械能，并进一步总结为热力学第二定律的开尔文表述。

冰箱与热力学第二定律

冰箱里的食物温度很低，而摸一摸冰箱散热口却很温暖，这是因为冰箱在持续不断地将低温食物里的热量传递到较高温的环境中。这是否违反了热力学第二定律？

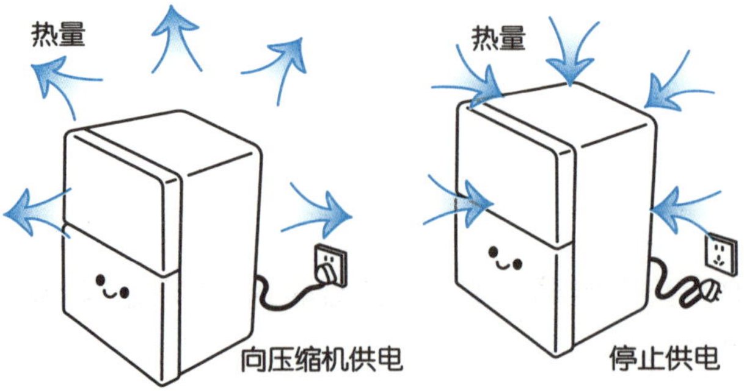

答案是否定的。冰箱靠外部电力驱动让食物保持低温，这个过程是非自发的热传递，需要消耗能量。冰箱不能“免费”制冷，反映了自然界能量守恒和方向性，仍符合热力学定律。

知识沉淀

热力学第二定律

不可能从单一热源吸取热量并将其完全转化为有用功而不产生其他影响。也可以表述为：热量不能自发地从低温物体传到高温物体。

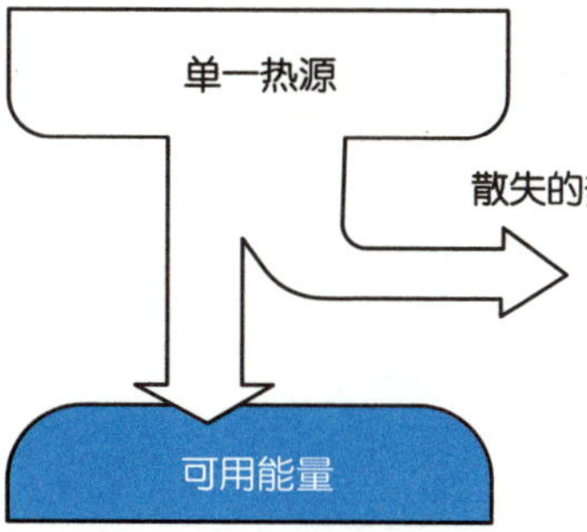

中国“华龙一号”核电机组通过二次回路设计（热能转化为机械能，机械能再转化为电能），实现热效率的提升，降低能源转化链的总体熵增。

——除了热力学领域的成就，您还在工程领域做了很多工作？

汤姆孙：是的，我一直认为科学应服务于实践。我参与了大西洋海底电报电缆的设计与调试，发明了多种航海和电工仪器。科学理论给我思路，而工程实践又不断提醒我问题的本质。实验室之外，世界同样复杂而精彩。

——您曾经也判断失误过吗？听说您一开始并不相信 X 射线？

汤姆孙：没错，我最初确实怀疑过伦琴的发现——毕竟“看见骨头”的说法实在太像恶作剧了。但当我亲眼看到他寄来的 X 光照片时，只能说震撼得无以言表。我立刻回信祝贺他，并很快亲自体验了 X 光成像。这件事让我明白，真正的科学家不能害怕推翻旧认知，而要勇于对其验证与修正。

历史盲盒

25

吉布斯自由能

吉布斯

在等温、等压条件下的封闭体系中，自由能的变化综合反映了体系的焓变和熵变对自发过程的影响，常用符号 G 表示。

姓　名　吉布斯（Josiah Willard Gibbs，1839—1903）

国　籍　美国

贡　献　提出自由能的概念；建立关于物相变化的相律；推动矢量分析在物理学中的应用；引进统计物理学方面的系统概念

为什么有些反应不能自发进行？

为什么铁钉总在雨中默默生锈，而水却不会自己分解成氢气和氧气？自然界的化学变化不是随意发生的，自发反应往往趋向于释放能量或增加混乱度。这些背后，隐藏着一个判断标准——吉布斯自由能，它决定了反应是否“自愿”发生。

吉布斯自由能的提出

在热力学蓬勃发展的 19 世纪，科学家们虽然已经掌握了能量守恒定律和熵增原理，却难以判断某个具体的化学反应是否能自发进行。美国科学家吉布斯提出，在恒压且温度（T）一定的条件下，不能单独看能量变化（焓变 ΔH）或混乱度变化（熵变 ΔS），而应将两者结合，即 $\Delta G=\Delta H-T\Delta S$。1876 年，他首次提出“吉布斯自由能”的概念，为化学反应能否自发进行提供了一个统一的判断标准，开启了现代化学热力学的大门。

判断自发性的关键“裁判”

在恒温恒压的封闭系统中，吉布斯自由能就像是一位裁判，判断一个过程是否能够自发进行。如果一个化学反应的发生能够让系统的吉布斯自由能降低，那就意味着这个过程可以自发进行并释放能量；如果一个化学反应的发生会让吉布斯自由能升高，那就需要外界提供能量才能进行。

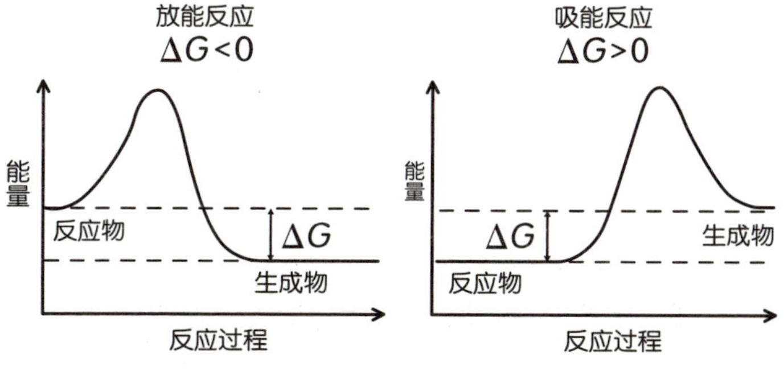

知识沉淀

吉布斯自由能（G）

自由能的变化反映了体系的焓变和熵变对自发过程的影响，其定义式为：$\Delta G=\Delta H-T\Delta S$。化学反应总是向着自由能减小的方向进行，直到体系达到平衡。即：

当 $\Delta G<0$ 时，反应能自发进行；

当 $\Delta G=0$ 时，反应处于平衡状态；

当 $\Delta G>0$ 时，反应不能自发进行。

想一想

食物腐败是自发的化学反应（$\Delta G<0$），但冷藏能让食物“保鲜”，这是否意味着低温会改变反应的 ΔG 正负？为什么？

历史盲盒

——听说麦克斯韦亲手制作了模型来展示您的理论？

吉布斯：是的，那是我极为珍视的礼物。为了帮助大家理解我的几何热力学方法，麦克斯韦亲手制作了两个石膏模型，并把其中一个寄给我。那个模型现在仍保存在耶鲁大学。可惜他在 1879 年英年早逝，我们未能有更多深入合作。当时有人打趣说，“全世界唯一看懂吉布斯论文的人已经去世了”，这话虽夸张，却也说明了我的论文在当时确实有些“超前”。

——在教学、科研之余，您有什么兴趣爱好吗？

吉布斯：我喜欢登山，也常带学生一同前往。在我看来，登山者和科学家有许多相通之处——都习惯独行，不惧寂寞，总是追寻更高的山峰；都需要耐心筹划路径，也能在缓慢而艰辛的攀登中找到乐趣。登山教会我，通往真理的路常常并不平坦，但一步步走上去，总能看到不同的风景。

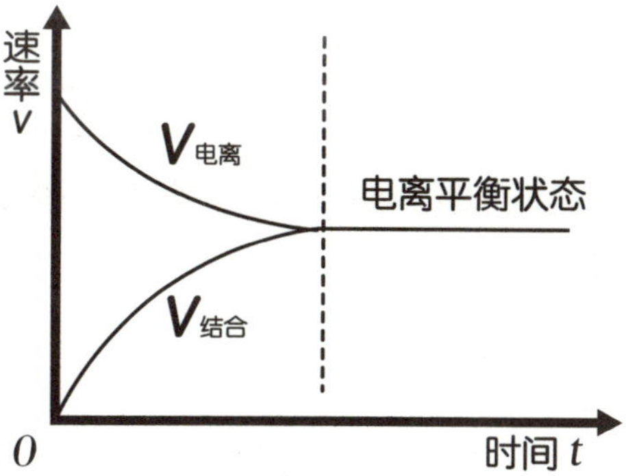

醋酸

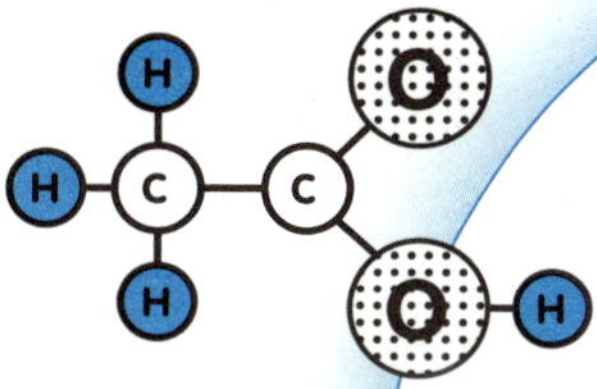

第四章

水、溶液和胶体

探索分散体系的独特性质

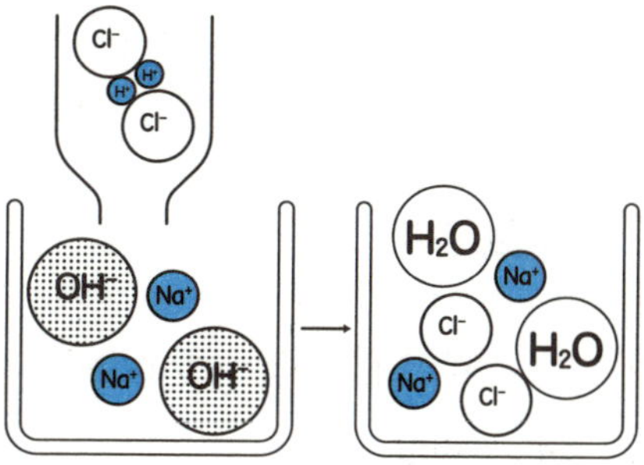

26

电离理论 —— 阿伦尼乌斯

电解质（如酸、碱、盐）溶于水时，会自发解离成带正负电荷的离子。

姓　名　阿伦尼乌斯（Svante August Arrhenius，1859—1927）

国　籍　瑞典

贡　献　提出电离理论；提出酸、碱的定义；发现活化能与反应热的关系；提出化学反应速率公式，即阿伦尼乌斯方程

原理解读

为什么湿手容易触电？

大家都知道，湿手去接触电器是非常危险的。那为什么手在潮湿状态比干燥状态更容易导电呢？这是因为水里常常溶解了氯化钠等各种杂质，这些物质在水中会变成能导电的离子，让电流更容易通过。

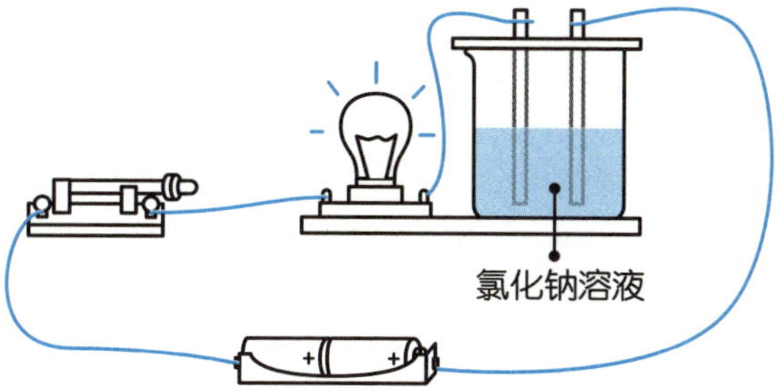

阿伦尼乌斯的坚持

在阿伦尼乌斯之前，科学界普遍认同法拉第的观点，认为电解质只有在通电时才会解离出离子。阿伦尼乌斯进行了大量的实验后，发现纯水和固态氯化钠都不导电，但在氯化钠溶于水后，溶液立即表现出导电性。这一关键实验现象使他大胆推测：电解质在溶解过程中就自发地解离成了自由移动的离子，而非通电后才产生离子。

这个理论在提出时遭到了学术界的强烈质疑，但后来却成为物理化学史上最重要的理论之一，阿伦尼乌斯因此获得了 1903 年的诺贝尔化学奖。

电离理论：化整为零

氯化钠晶体是由无数钠离子和氯离子有序排列组成的固态结构，这些离子被牢牢“锁”在晶格中无法自由移动，因此固体食盐不导电。但当食盐遇水时，神奇的变化发生了：水分子像无数小磁铁般作用于晶体表面，将最外层的离子一个个“拉”出来，形成被水分子包围的水合离子。这些获得自由的带电粒子在电场作用下能够定向移动，这就是食盐溶液能够导电的秘密。

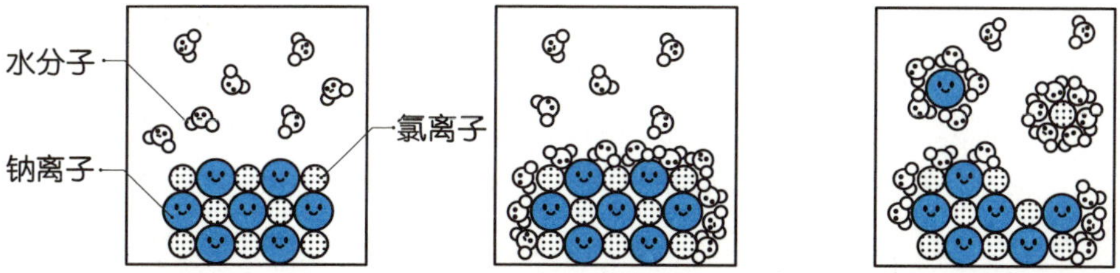

NaCl 固体加入水中　　水分子与 NaCl 晶体作用　　NaCl 溶解并电离

知识沉淀

电离理论

电解质（如酸、碱、盐）溶于水时，会自发解离成带正负电荷的离子。

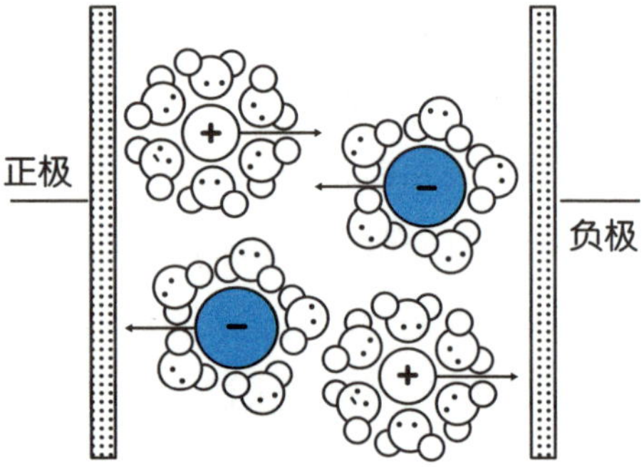

食盐溶液的导电机制

当食盐溶解于水时，钠离子和氯离子会从晶格中脱离并形成可自由移动的水合离子。在外加电场作用下，钠离子和氯离子分别向阴极与阳极定向迁移，使得电解质溶液具有导电性。

想一想

炒菜时，为什么盐（主要成分是NaCl）的咸味通常能快速均匀扩散到整锅菜中，而糖的甜味却更容易集中在局部？请用电离理论解释这一现象。

历史盲盒

——您在小的时候自学识字和计算，在学校里总是名列前茅。您有什么学习的诀窍吗？

阿伦尼乌斯： 我其实并没有什么学习的诀窍，我对学习的热情来自旺盛的好奇心。我对自己遇到的问题从不妥协，哪怕是和老师争论，也一定要得到答案。学习的动力就是对身边世界的好奇，以及持之以恒努力后收获的回报。

——您当时虽然得到了博士学位，但是您的电离理论仍然不被认可。您当时是怎么想的呢？

阿伦尼乌斯： 科学的进步总是离不开大胆的创新，而总会有人固执己见，选择无视有潜力的全新观点。既然在瑞典国内，我的理论无人支持，那我就走出去，将我的理论传播到欧洲的其他地方去。我把自己的文章寄给了德国的奥斯特瓦尔德教授，在他的帮助下，我获得了出国访问的机会，不断得到更多科学家的支持，最终让电离理论被世人认可。

电离平衡 —— 奥斯特瓦尔德

弱电解质（如弱酸、弱碱）在水溶液中发生部分电离，分子电离成离子的速率与离子重新结合成分子的速率相等，达到动态平衡状态。

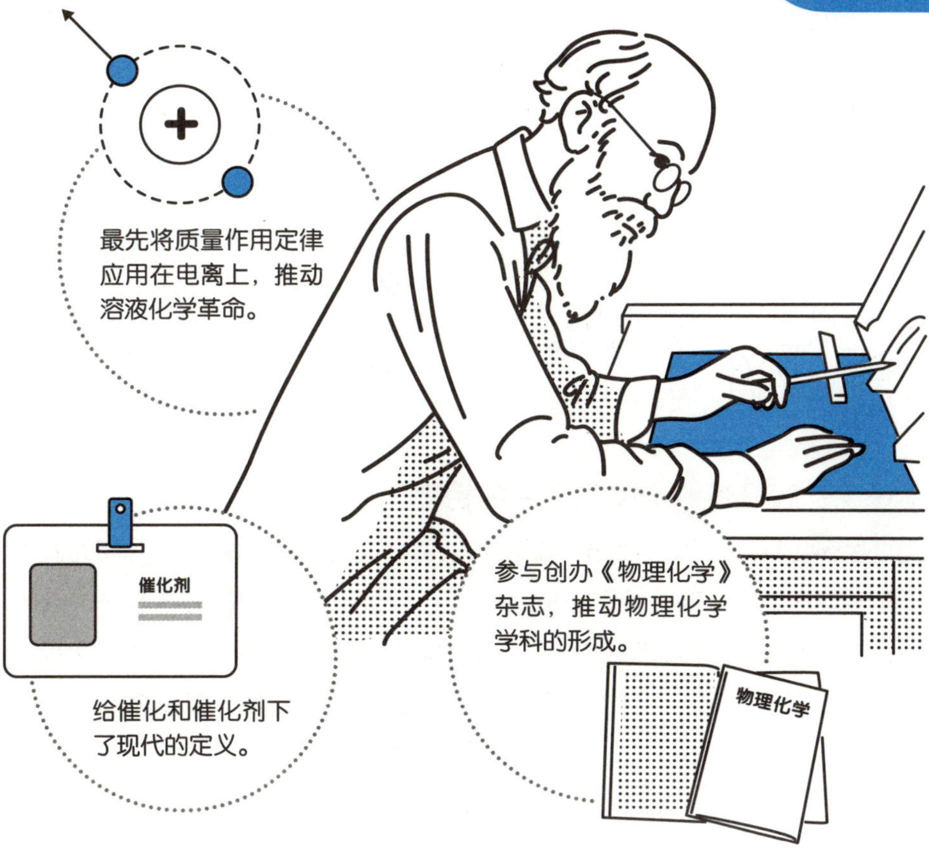

姓　名　奥斯特瓦尔德（Friedrich Wilhelm Ostwald，1853—1932）

国　籍　德国

贡　献　提出了奥斯特瓦尔德稀释定律；发明由氨经过催化氧化制造硝酸的方法；解释酸碱指示剂的变色机理；物理化学学科的奠基人之一

原理解读

电离理论的关键证据

1884 年，瑞典化学家阿伦尼乌斯首次提出电离理论，认为酸、碱和盐在水中会解离为离子。但在当时，这一观点遭到大多数化学家的质疑。真正为该理论提供关键支持的，是德国化学家奥斯特瓦尔德的实验发现。

他研究发现：某些弱酸在加水稀释后，导电能力反而增强。醋酸是一种弱酸，食醋中就有它的身影。在浓醋酸中，由于缺乏促进电离的介质，仅有少量醋酸分子能解离成离子，导电性较弱；加水稀释后，水分子倾向于结合氢离子形成水合氢离子，使更多的醋酸分子解离为 CH_3COO^- 和 H^+，离子总数增多，导电性随之增强。这一“稀释增强电离”的现象，有力证实了电离是动态的过程，也为电离平衡理论奠定了实验基础。

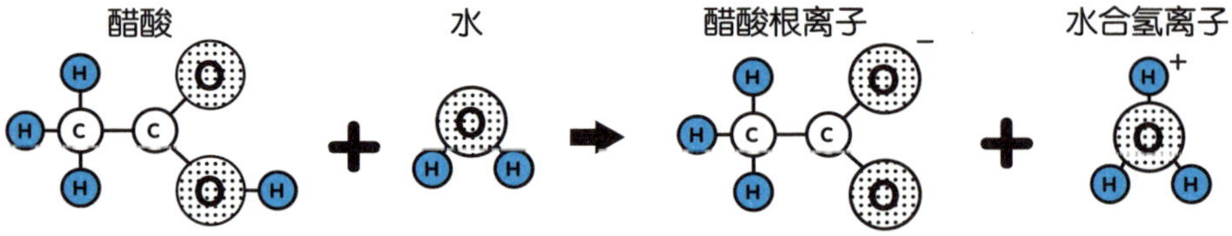

电离平衡理论：解开溶液中微观行为的钥匙

在化学的微观世界中，弱电解质（如醋酸、氨水）在水中不会完全解离为离子，而是在分子与离子之间建立一种动态的“平衡”：一部分分子解离为离子，同时一部分离子又重新结合成分子。当这两个过程的速率相等时，溶液中的组成看似稳定，实则一直处于“动中有静”的平衡状态——这就是电离平衡。

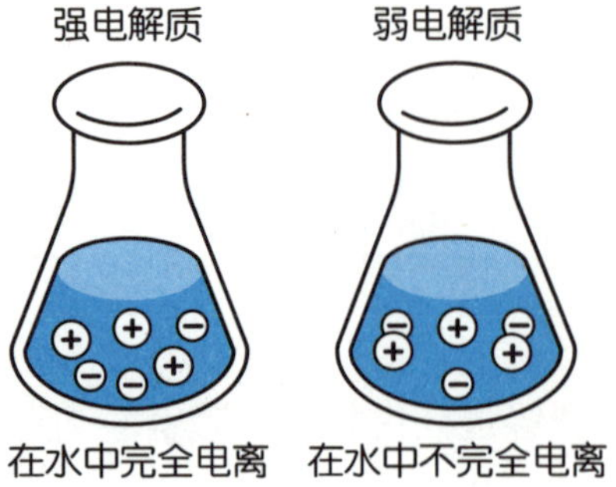

电离平衡理论揭示了溶液世界中看不见的动态秩序，广泛应用于我们的生活和科学实践：药物的吸收机制、土壤养分的释放，甚至工业合成反应的优化调控，都离不开对这一理论的深入理解。

知识沉淀

电离平衡

弱电解质电离初始，分子电离速率随浓度减小而逐渐减小，离子结合速率随浓度增大而逐渐增大，最终两者相等达到电离平衡状态，此时分子与离子浓度不变，处于动态平衡。

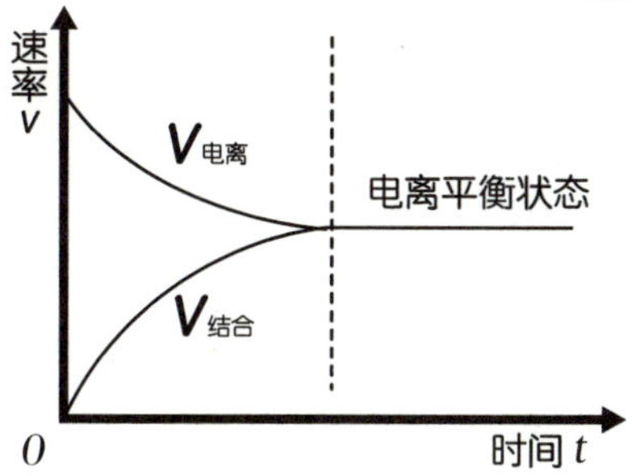

想一想

与浓醋酸不同，向同浓度的盐酸（强酸）中加水稀释，导电能力会始终减弱。这种现象背后如何体现电离平衡的本质差异？

——您曾长期反对原子论，甚至提出了“能量学”概念，后来又为何接受了原子论？

奥斯特瓦尔德：在我看来，科学的任务不仅是描述物质，还要揭示其背后的根本规律。我曾提出“能量学”，是因为我相信能量是真实存在的根本实体，而所谓的“原子”——在当时尚未被直接观测到——只是能量表现出来的形式。然而，在不断出现的科学证据面前，我愿意承认：原子模型的确是一个有效的科学模型。

——爱因斯坦曾向您求职，但没有得到回复。后来您却两次提名他获得诺贝尔奖。这段往事您还记得吗？

奥斯特瓦尔德：当然记得。当年他是一个默默无闻的年轻人，正处于人生的低谷中。说实话，那段时间我事务繁忙，没有及时回复。对于这一点，我一直心怀歉意。但后来，我认真阅读了他的研究，我看到了一颗真正闪耀的科学之星。我两次提名他获得诺贝尔奖，不只是为弥补过去的疏忽，更是对科学本身的尊重。

历史盲盒

28

酸与碱

波义耳

酸与碱是两类不同的物质。酸能使紫色石蕊溶液变红，不能使无色酚酞溶液变色；碱能使紫色石蕊溶液变蓝，使无色酚酞溶液变红。

姓　名　波义耳（Robert Boyle，1627—1691）

国　籍　英国

贡　献　第一个提出科学的元素定义；发展了古代的微粒说；提出波义耳定律；发明酸碱指示剂

原理解读

变色的“魔法”

如果我们把醋滴在紫罗兰花瓣上，很快就能看到花瓣变成红色。这一现象引起了科学家波义耳的兴趣。带着疑问，波义耳进行了一系列开创性的实验。他发现，不同的酸碱溶液会使植物提取液呈现不同颜色：在酸性环境下变红，在碱性环境下则可能变绿或变蓝。

指示剂：大自然的奇妙发明

经过大量实验，波义耳找到了变色最明显的一种物质——石蕊地衣，其紫色提取液遇酸变红，遇碱变蓝。基于这一特性，波义耳创造性地将石蕊溶液浸渍在滤纸上，制成了史上第一种实用的酸碱测试工具。

这些植物能变色，是因为它们体内含有一种天然色素——花青素。花青素在不同的酸碱条件下会改变分子结构，从而改变颜色。现代实验室仍在使用类似的试纸，配合标准比色卡，不仅能区分酸碱性，还能初步评估溶液的 pH 范围。

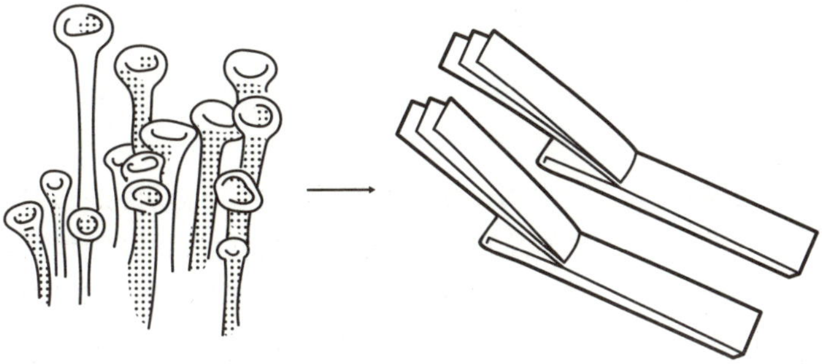

中和反应：酸和碱的“握手”

当等摩尔量的酸与碱发生反应时，它们会相互中和并失去原有的特性，生成水和相应的盐，这一过程被称为中和反应。在经典的指示剂变色实验中，随着酸碱中和反应的进行，指示剂的颜色也随之发生可逆变化，最终恢复至其中性色态。这不仅直观展示了颜色的变化，更揭示了酸碱物质之间的化学关系。

知识沉淀

酸 一类化合物的总称。这类化合物在水溶液中电离产生氢离子，能使蓝色石蕊试纸变红。常见的酸包括硫酸、盐酸、硝酸等。

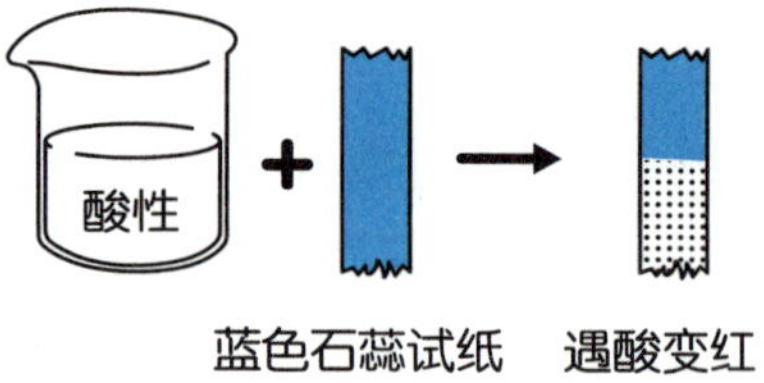

碱 一类化合物的总称。这类化合物在水溶液中电离产生氢氧根离子，能使红色石蕊试纸变蓝。常见的碱包括氢氧化钠、氢氧化钙、氨水等。

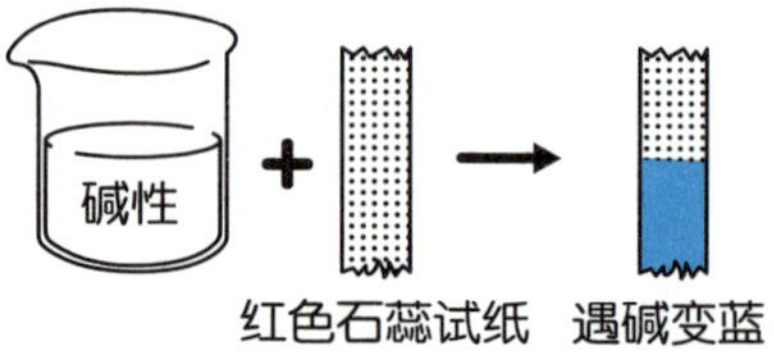

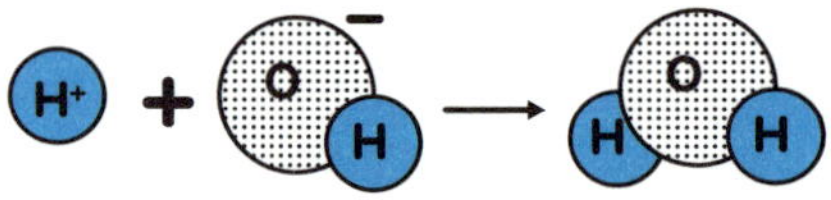

酸碱中和反应

酸与碱反应生成盐和水的反应称为中和反应。中和反应的本质是氢离子和氢氧根离子反应生成水。

想一想

我们把紫甘蓝汁分别滴入柠檬汁、小苏打水和清水中，发现颜色分别变成红色、绿色和紫色。你觉得这些颜色的变化说明了什么？哪种液体可能是“酸”？哪种液体可能是“碱”？为什么？

——您的成就遍布化学、物理学、生物学三个领域，果真是“英国科学界的明星”啊！

波义耳：我其实并不聪明，这些都是努力学习的成果。而且科学从来都是循序渐进的过程，就像我虽然初步定义了酸和碱，可是酸和碱的性质及相关反应都是由后来的科学家补充和完善的。像海尔蒙特发现中和反应，拉瓦锡提出的酸氧理论……大家都在为这座大厦添砖加瓦。

——您为什么会对化学产生兴趣呢？

波义耳：这要从我十四岁那年说起。当时我患了严重的疟疾，医生开的药方差点儿要了我的命。从那时起，我就立志要自己钻研医术。正是在这个过程中，我对化学实验产生了浓厚兴趣——毕竟，制药就是化学的实际应用。

历史盲盒

29

pH

索伦森

pH 又称氢离子浓度指数、酸碱值，是溶液酸碱度的衡量指标，反映溶液中的氢离子浓度，标度范围为 0~14。

姓　名　索伦森（Søren Peter Lauritz Sørensen，1868—1939）

国　籍　丹麦

贡　献　提出用 pH 来衡量酸度和碱度；发明索伦森甲醛滴定法

原理解读

酸与碱的衡量尺

我们常用“酸”和“碱”来描述物质的特性，比如食醋的酸涩口感或是洗衣粉带来的轻微灼烧感。但如何准确区分和衡量酸碱性呢？

科学家用 pH 这个精确的指标来量化溶液的酸碱度。pH 标度将溶液的酸碱性划分为 0~14 的范围：如果 pH<7，说明溶液呈酸性；如果 pH=7，说明溶液呈中性；如果 pH>7，说明溶液呈碱性。

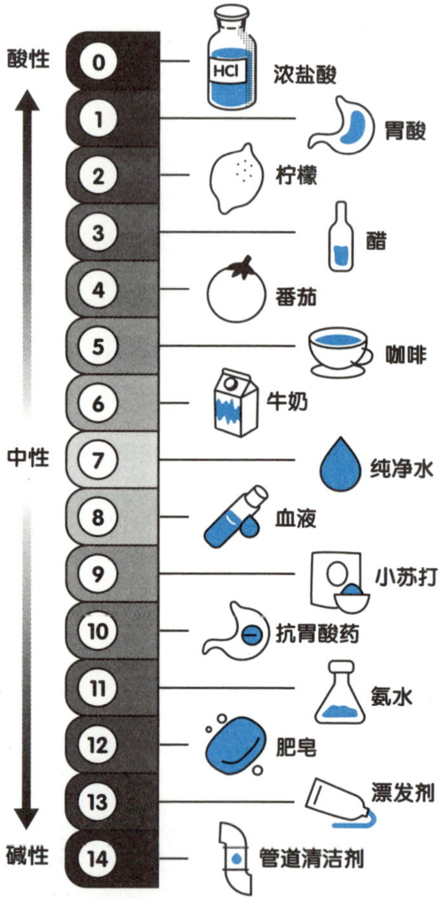

诞生于啤酒泡沫中的 pH

索伦森在担任嘉士伯啤酒厂研究实验室负责人期间，专注于研究酿酒的核心环节——发酵过程，因为发酵产生的氨基酸直接影响啤酒口感。索伦森发现，酶是发酵时重要的生物催化剂，而溶液中的氢离子浓度会显著影响酶的工作效率。正是这一关键发现，促使索伦森开始寻求精确测量氢离子浓度的方法，最终催生了如今广泛应用的 pH 标度。这一创新不仅解决了啤酒酿造中的质量控制难题，更为整个化学领域提供了重要的分析工具。

pH 是什么？

pH 的数值，是溶液中氢离子的物质的量浓度（mol/L）以 10 为底的负对数，$pH=-lg[H^+]$。例如，pH 为 7 的溶液，它的氢离子浓度就是 10^{-7} mol/L。这也就代表着，pH 越小，氢离子浓度反而越高，溶液的酸性也就越强。相对地，碱性溶液中的氢离子浓度相比酸性溶液更低，pH 也更高。

知识沉淀

pH

又称氢离子浓度指数、酸碱值，代表了溶液中的氢离子浓度，也是通常意义上溶液酸碱程度的衡量标准。pH 越小，氢离子浓度越高，溶液的酸性越强；反之，pH 越大，氢离子浓度越低，溶液的碱性越强。

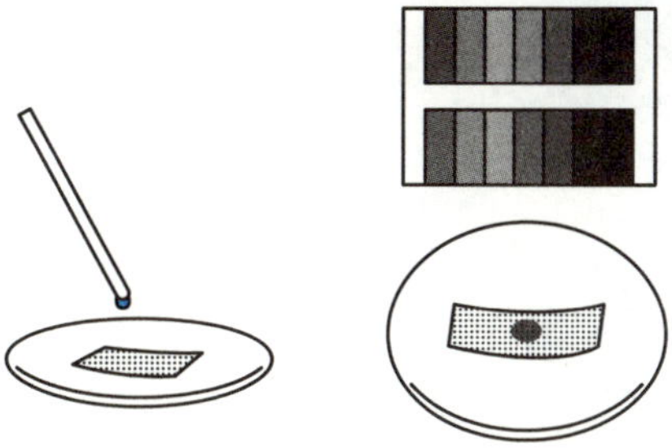

中国古代虽然没有直接提出酸碱度的概念，但是已经有通过调节酸碱度来控制反应过程的做法。例如古人将碱性的草木灰水用作清洁剂，以及利用酒曲产生酸性的乳酸来抑制酿造过程中杂菌的生长。

——您为什么会想到创造一个衡量酸碱度的标准呢？

索伦森：这要从我在啤酒厂的工作说起。当时在研究酵母发酵时，我发现氢离子浓度对酶活性影响巨大，而酶活性又直接关系到啤酒的口感和品质。于是我想，为什么不创造一个基于氢离子浓度的量化指标呢？这就是我提出 pH 的初衷。

——您在创造 pH 时是否预料到它今天在化学界的重要意义？

索伦森：说实话，当时我确实预见到这会是一个重要的工具。在实验室里，我们经常遇到这样的困扰：做同样的实验，今天和明天的结果可能大不一样，很多时候就是因为溶液的酸碱度发生了细微变化。当我发现 pH 可以用于精确控制反应条件时，我就意识到，这不仅会改变酿酒工艺，更可能影响整个化学研究的方式。

历史盲盒

30

当量定律 —— 里希特

在化学反应中，各物质以等当量数相互作用。当量表示物质在特定化学反应中参与反应的相对能力或有效量。

姓　名　里希特（Jeremias Benjamin Richter，1762—1807）

国　籍　德国

贡　献　发现了当量定律、中和定律；对当量概念、化学计量关系和定比定律的建立做出了重要贡献

原理解读

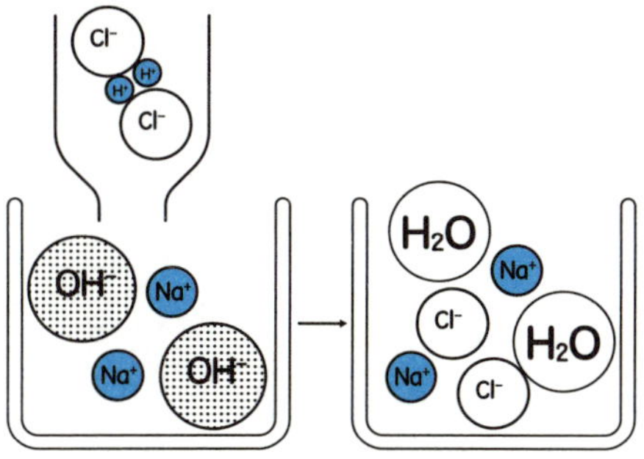

盐酸和氢氧化钠反应配比

反应配比：数字中的奥秘

生活中许多事物都讲究“恰到好处”，比如一辆汽车需要四个车轮，多了浪费资源，少了无法使用。这种精妙的关系在化学反应里体现得淋漓尽致。酸碱中和时，必须让氢离子（H^+）和氢氧根离子（OH^-）恰好按照1∶1的比例结合，才能完全反应。这个“刚好配对”的原则，正是当量定律的核心：反应物之间必须以一定的数量关系结合，才会得到理想的结果。

反复实验总结出的规律

里斯特在研究过程中，注意到很多反应中反应物的消耗似乎存在规律。他分别测定了中和 1000 份硫酸、1000 份盐酸和 1000 份硝酸各自需要多少份碱。汇总分析实验数据之后，里斯特发现各种酸和碱在发生中和反应时存在着固定的比例。例如，1 份盐酸需要 1 份氢氧化钠就能完全反应，而 1 份硫酸则需要 2 份氢氧化钠才能完全反应。根据这个结论，他提出了当量定律。

定律的意义：让化学变得可计算

当量定律的作用在于：无论是酸碱中和，还是燃烧反应，只要知道反应物的比例，就能准确预测生成物的种类和数量。比如：1 个碳原子和 1 个氧分子结合生成 1 个二氧化碳分子，但如果氧不够，1 个氧分子就可能结合 2 个碳原子生成 2 个一氧化碳分子。正是这种“配比决定产物”的特性，让化学反应像数学公式一样可以运算和推演。

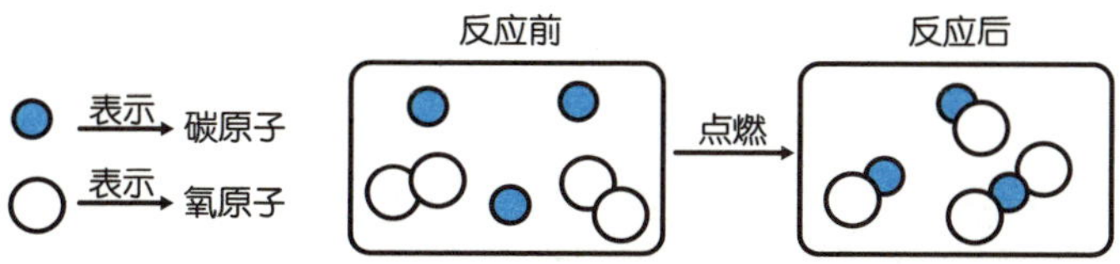

碳的不完全燃烧反应

知识沉淀

当量定律

在化学反应中，各物质以等当量数相互作用。

当量

物质在特定反应中提供或消耗 1 mol 电子的质量，符号为 E，单位为 g/mol。

$$当量数=\frac{物质的质量}{当量}$$

酸碱中和反应

HCl 与 NaOH 发生中和反应时，HCl 的当量为 36.5 g/mol，NaOH 的当量为 40 g/mol。若用 36.5 g 的 HCl（1 当量），则需 40 g 的 NaOH（1 当量）进行完全反应，二者当量数相等。

$$HCl+NaOH \rightarrow NaCl+H_2O$$

中国智慧

我国近代科学家徐寿在翻译《化学鉴原》的过程中，首次将当量等概念引入中国。他在化学译著中，创译了大量如今仍然在沿用的术语，例如氧、氢、硫酸、硝酸等，奠定了中文化学词汇的基础。

历史盲盒

——您在化学研究中强调“自然如天平”，这种对精准比例的执着是如何形成的？

里希特：作为数学爱好者，我常常会想，能不能用数学解释万物呢？有一次，我观察农夫施肥，发现多加一铲灰，庄稼反而枯萎了——原来土壤与肥料需严格配比！这让我顿悟：化学反应和庄稼生长一样，多一分少一毫皆失衡。后来在实验中，我记录成百上千组酸碱中和数据，硬是从杂乱数字里揪出了当量比例的规律。你看，自然早把答案藏进细节，科学家不过是擦亮眼睛的匠人。

——据说您因为过分强调数学推理，有时主观修正实验数据？

里希特：我承认当时数据测量得没那么精准，为了让规律更清晰，我对一些数字做了“调整”。我确实做得不对，太急于证明自己的理论了。但我相信数学规律的核心是正确的。

沉淀溶解平衡

勒夏特列

难溶电解质在溶液中与其溶解产生的离子之间达到的动态平衡状态。当固体的溶解速率与溶液中离子重新结合成沉淀的速率相等时，溶液达到饱和状态。

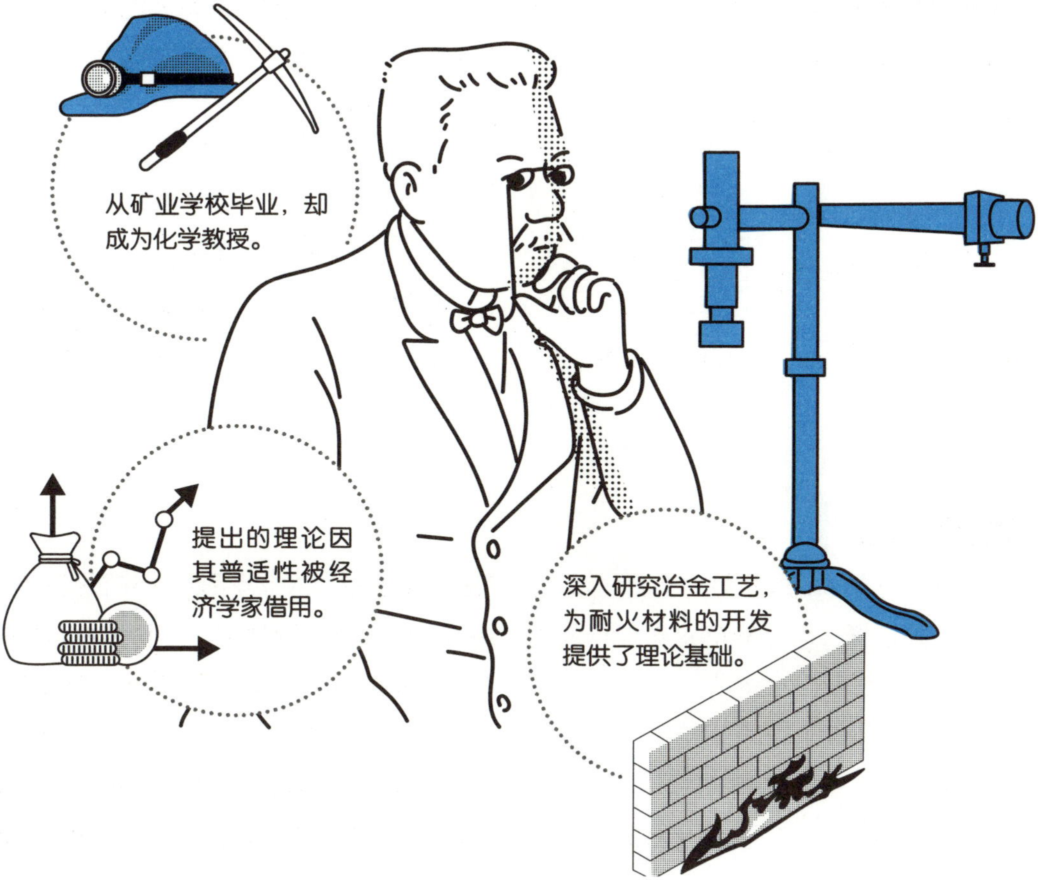

姓　名　勒夏特列（Henri Louis Le Chatelier，1850—1936）

国　籍　法国

贡　献　提出勒夏特列原理；发明热电偶和光学高温计；发明氧炔焰发生器

原理解读

难溶物真的不会溶解吗？

将一勺食盐撒到水中，没多久食盐就完全溶解了；而如果将氢氧化铜这类固体放在水中，用肉眼观察，会发现它们在水中几乎没有任何变化，给人一种“完全不溶解”的直观印象。这种观察确实符合日常经验，但从化学角度来看，所谓“难溶物”并非绝对不溶，而是溶解度极低。

溶解度可以用 100 克溶剂中能溶解物质的最大质量来表示。根据溶解度大小，可以将物质分为易溶物、可溶物、微溶物和难溶物。水是我们最熟悉的溶剂之一，100 克水中最多溶解约 2 微克氢氧化铜，虽然这个数值远低于一般可溶性物质能溶解的量，但确实有极少量溶解，所以，氢氧化铜属于难溶物。

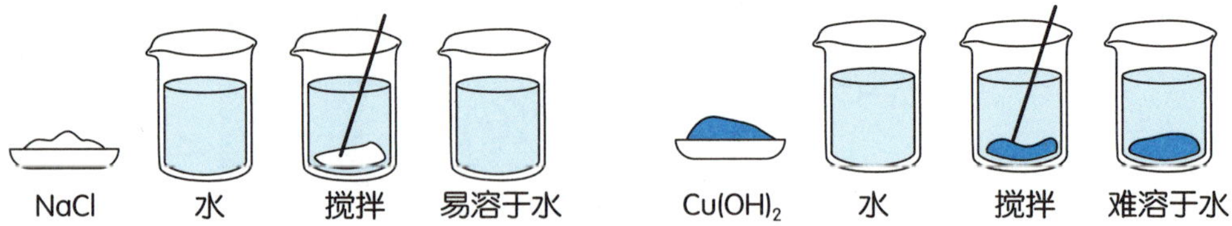

进水和排水

想象一下，游泳池里，不断有人入水游泳，又不断有人上岸离开。物质在水中的溶解也是这样一个动态的过程：一些离子会离开固体表面到水中，而水中的离子也会陆续回到固体表面。“泳池”刚刚开放时，“跳水”的离子多，“上岸”的离子少；慢慢地，随着水中离子增多，“上岸”的离子也变多了。最终，当溶解和沉淀的速率相等时，就达到了“沉淀溶解平衡”。达到这一平衡后，溶解和沉淀仍在持续进行，但水中的离子浓度和剩余的固体量都不再变化。

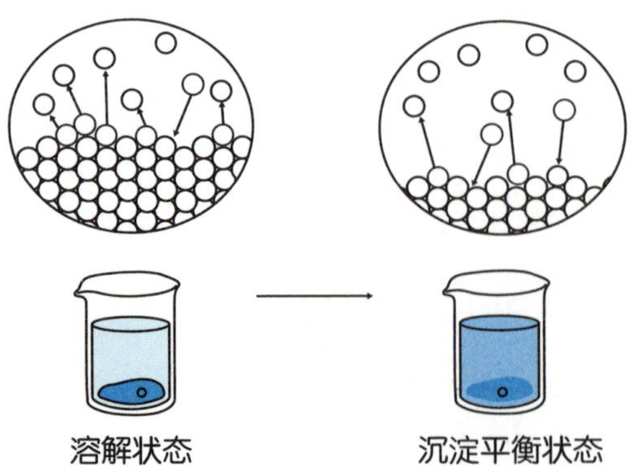

知识沉淀

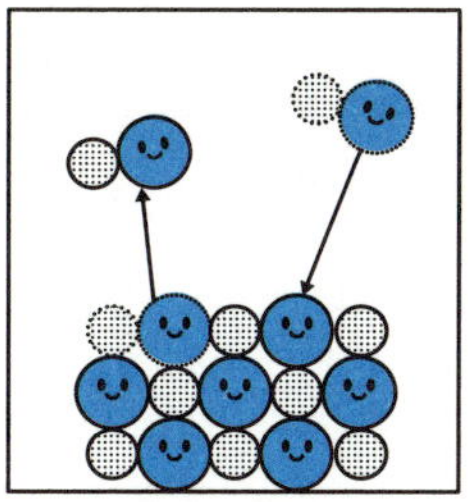

沉淀溶解平衡溶液中的离子

沉淀溶解平衡

难溶电解质在溶液中达到饱和状态时，其溶解与沉淀的速率相等，形成动态平衡。

溶解度

固体的溶解度表示在一定温度下，某固态物质在 100 克溶剂里达到饱和状态时所溶解的质量。

溶解度的相对大小（20℃）

溶解度 /g	一般称为
<0.01	难溶
0.01~1	微溶
1~10	可溶
>10	易溶

想一想

含氟牙膏能预防龋齿，原理是牙膏中的氟离子能与牙齿表面的羟基磷灰石反应生成更难溶的物质。从沉淀溶解平衡角度看，为什么生成更难溶的物质能保护牙齿？

历史盲盒

——您对化学的兴趣是否有来自家庭的影响？

勒夏特列：我出生在一个化学世家，父母很重视我的教育。小时候，父亲工作的炼钢厂就是我的游乐场，我一边看着工人们用石灰石给生铁脱硫，一边回忆着昨晚看过的《冶金学原理》，那些翻滚的红色液体金属强烈地吸引着幼小的我。这种沉浸式教育让我明白，化学不仅是纸上的公式，更是看得见摸得着的物质变化。

——在您的合成氨实验失败后不到五年，哈伯的合成氨方法就问世了。对此，您觉得遗憾吗？

勒夏特列：我确实曾尝试合成氨气，甚至在 1901 年接近成功了。然而，一次爆炸事故让我不得不中止研究。我让氨合成的发现从指缝中溜走，这是我科学生涯中最大的遗憾。尽管如此，我还是为科学的进步感到欣慰。哈伯的成功不仅验证了我的平衡原理，也极大地推动了农业和工业的发展。

32

布朗运动

布朗

悬浮在液体或气体中的微粒因受到周围分子热运动的碰撞而表现出的无规则、连续随机运动现象。

姓　名　布朗（Robert Brown，1773—1858）

国　籍　英国

贡　献　发现了布朗运动；命名了细胞核并证实了细胞核的普遍存在

原理解读

微观粒子的运动

在我们的日常经验中，一粒静止的灰尘若没有外力作用，似乎就该一动不动。但如果我们把目光转向显微镜下的世界，就会发现完全不同的情景：当微小颗粒悬浮在水或空气中时，它们竟然会自己“动”起来。这种看似毫无规律的运动，正是微观世界的常态。

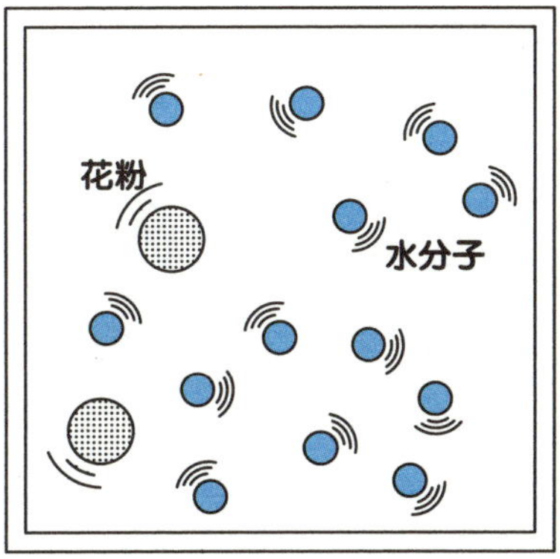

花粉的“自由泳”

布朗运动的发现者布朗其实是一名植物学家。他用显微镜观察花粉时，发现花粉会在水中做无规则运动。一开始他猜想这是花粉微粒的某种自发性运动，但在进一步观察了其他微粒在水中的运动后，布朗发现无论是哪种微粒，只要体积足够小，都会在水中不停地做无规则运动。后人为了纪念他的发现，将这种现象命名为“布朗运动”。

布朗运动：分子的“恶作剧”

为什么这些微粒会动个不停？答案在于分子的热运动。这些我们肉眼看不见的液体分子和气体分子无时无刻不在四处乱撞。当微小颗粒悬浮在其中时，它们就会被四面八方的分子“推来推去”。由于分子的撞击是随机的，这些力无法相互抵消，就造成了颗粒无规则的运动。这就是布朗运动的本质。这也解释了布朗运动受微粒大小和温度影响的原因。微粒越小，作用于微粒的分子越少，合力越不平衡，所以布朗运动越明显；温度越高，分子热运动越剧烈，对微粒的“推搡”也越猛烈。

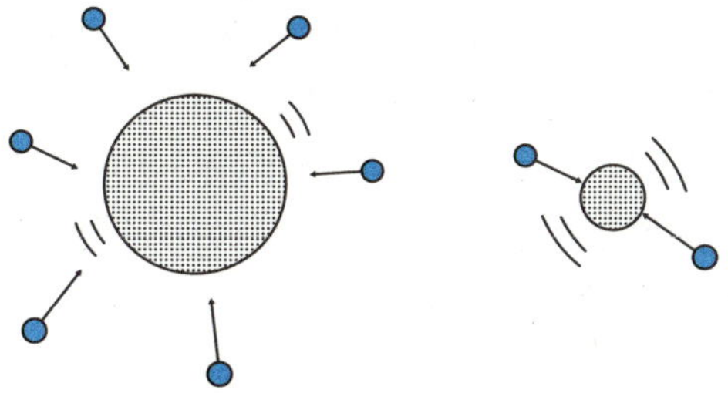

微粒越小，受到的合力越不平衡

知识沉淀

布朗运动

悬浮在液体或气体中的微粒所做的无规则、连续随机运动。

布朗运动的原理

微粒在液体或气体中，由于分子的热运动，受到各个方向分子的碰撞而产生了无规则运动。

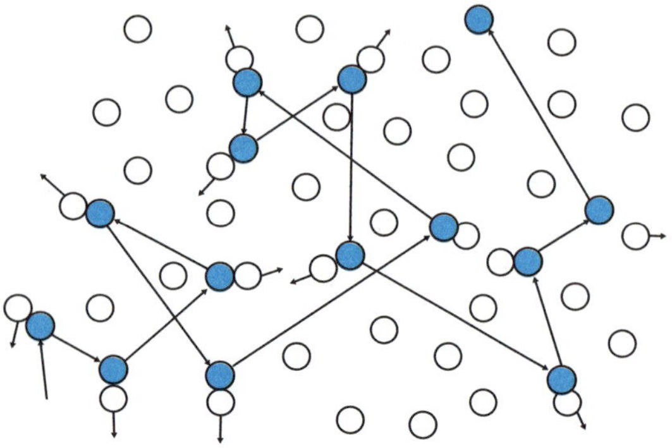

阳光照进房间时，我们会看到空气中飘浮的灰尘颗粒在不停地“飞舞”。这种现象和布朗运动有关吗？

想一想

——您当时观察到花粉颗粒的无规则运动时，是否预见到这个发现会对分子理论产生如此重大的影响？

布朗：说实话，当时我只是单纯记录了一个有趣的显微观察现象。作为植物学家，我的初衷是研究花粉在水中的行为。科学发现往往就是这样，一个领域的偶然发现可能成为另一个领域的重大突破。我很荣幸这个现象最终帮助证实了原子、分子的真实存在，这远超出了我最初的想象。

——您当时是怎么发现植物细胞核的？这个发现对后来的生物学研究有什么意义？

布朗：1831年，我在观察兰花花粉粒的时候，注意到花粉细胞中有一个小小的、致密的结构，它在显微镜下非常清晰。我把它称为“细胞核”，第一次明确地描述并命名了它，并指出几乎所有植物细胞中都存在这一结构。这项工作为后来的细胞学奠定了基础。回头看，我只是迈出了第一步，但能够为后来遗传学的发展做出一点贡献，我感到非常欣慰。

历史盲盒

丁达尔效应 —— 丁达尔

胶体分散系的一种重要的光学性质。当光束通过胶体时，可以看到一条光亮的“通路”。

姓　名　丁达尔（John Tyndall，1820—1893）

国　籍　英国

贡　献　发现丁达尔效应；设计并演示“水流导光”实验，揭示光的全反射原理；奠定现代冰川运动理论基础

原理解读

光线，为什么有时“看得见”？

多云天的下午，你是否见过阳光透过云层，像一束束光柱洒向大地？这时的光仿佛“被看见”了。其实，阳光的路径本身并不可见，我们能看到光束，是因为光在穿过空气中的微粒时发生了散射，这种现象叫丁达尔效应。但为什么并不是每个有阳光的日子里都能看见光柱？关键在于光线穿过了怎样的介质。

丁达尔的发现

1869 年，英国科学家丁达尔在研究光如何穿过不同液体时发现：相同的一束光，在某些混合液体中能形成明亮的光路，而在另一些液体中却什么也看不到。他反复实验后得出结论：这是因为有些液体中悬浮着特定尺寸的微粒，可以将光散射到侧面，让我们从旁边看到光的路径。这一发现后来被命名为“丁达尔效应”，成为光学研究中的重要现象。

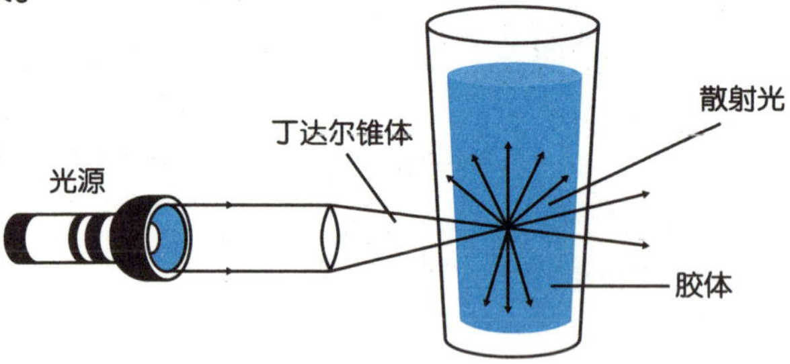

胶体：让光“显形”的介质

丁达尔效应常出现在一种叫胶体的分散系中。胶体是由直径在 1~100 纳米之间的颗粒组成的混合物，比如牛奶、雾气或蛋白质溶液。当光线穿过这些颗粒时，会发生可见光的散射，形成明亮的光路。而普通的溶液中颗粒太小（直径小于 1 纳米），光线几乎不会被散射，看上去就像什么也没有发生。所以，能不能“看到”一束光，并不是光的本身变了，而是光走过的介质不同罢了。

知识沉淀

丁达尔效应 胶体分散系的一种重要的光学性质。当光束通过胶体时，可以看到一条光亮的“通路”。

胶体 分散质的粒子直径在1~100 纳米之间的分散系。

溶液 分散质的粒子直径小于1纳米的分散系。

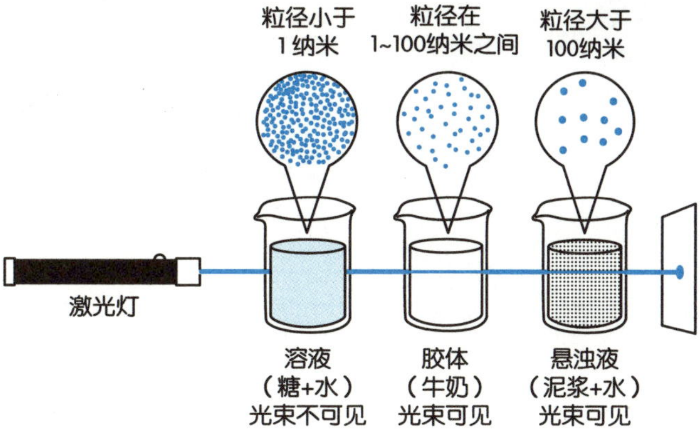

中国智慧

唐代文学家王勃创作的《滕王阁序》中有这样一句“烟光凝而暮山紫”，这句所透露出的意境，正是环绕着山峦的云烟被夕阳照射所形成的景象。寥寥几字，就让丁达尔效应的壮美跃然于纸上。

历史盲盒

——作为一位科学家，您在很多领域都有所建树，您有什么印象深刻的事迹吗？

丁达尔：很多人都觉得科学家大多都是只待在实验室的“室内派”，我可不一样。我还是个登山高手呢，我不仅深入阿尔卑斯山脉，研究了冰川的流动规律，还在1861年成为第一个攀登了魏斯峰的人！

——您同时也是气候学的先驱，能详细讲讲您在气候学方面的研究吗？

丁达尔：当然没问题。我在1859年证明了气体具有吸收热量的能力，随后我意识这个现象与我们所处的大气息息相关。因为大气也同时在吸收来自太阳的热量，所以大气中水汽和二氧化碳的含量与气候的改变有着巨大的联系。这个发现为气候学奠定了基础。

34

胶体稳定性理论

德查金

胶体颗粒表面常带有电荷，溶胶在一定条件下能否稳定存在，由胶体粒子间的相互吸引和排斥作用决定。

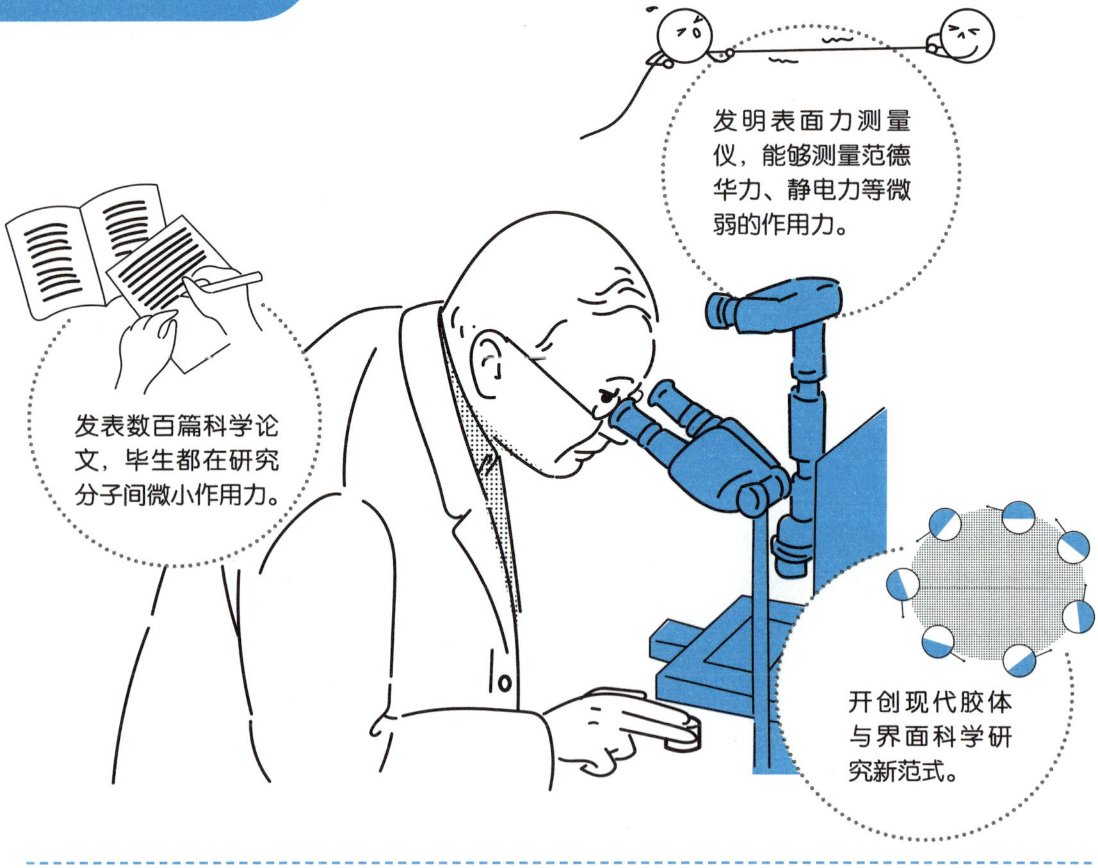

姓　名　德查金（Boris Vladimirovich Derjaguin，1902—1994）

国　籍　俄罗斯

贡　献　胶体稳定性理论的创立者之一；发展了测量分子间力的实验方法；对液体的边界层黏度进行创新性研究

原理解读

引力与斥力的“博弈”

当我们将一块石头投入水中时，它会迅速沉入水底；而若投入一个气球，它则会轻盈地漂浮在水面上。然而，胶体体系中的颗粒却能均匀分散在整个介质中，既不下沉也不上浮，这是为什么呢？

胶体中的粒子主要受到两种力的影响：范德华力和静电斥力。范德华力是一种吸引力，普遍存在于分子之间，会让粒子互相靠近。另外，胶体颗粒往往表面带电，会吸引溶液中带相反电荷的离子，聚集在胶体粒子表面，形成一种叫作“双电层”的特殊带电结构。如果胶体颗粒彼此靠得太近，斥力就会增强，把它们再次推开。因此，当斥力大于吸引力时，胶体才会保持稳定的分散状态；当吸引力大于斥力时，胶体颗粒就会聚集到一起而沉降，这就是胶体稳定性理论的核心。

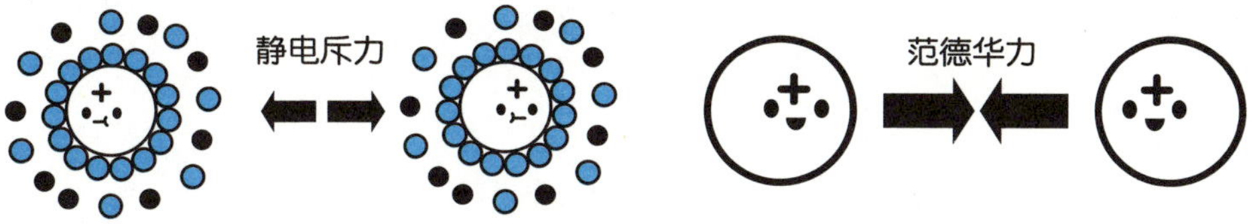

明矾的净水“绝招”

我们家里用的自来水，并不是原本就这么清澈洁净。从水源地输送来的水中常含有黏土、有机物等杂质胶体颗粒，表面带负电，会吸附 Na^{+}、Ca^{2+} 等低价阳离子，形成双电层，使静电斥力大于范德华力，让粒子能稳定地悬浮。明矾是常用的净水剂，因其溶于水后解离出大量的铝离子（Al^{3+}）。Al^{3+} 携带更多电荷，静电吸附力更强，会迅速取代双电层中的低价阳离子，并且更紧密地吸附在胶体颗粒表面，压缩双电层的厚度，显著削弱静电斥力。这时，范德华力占了上风，胶体颗粒迅速聚集，形成大颗粒絮状物沉降下来，从而净化水质。

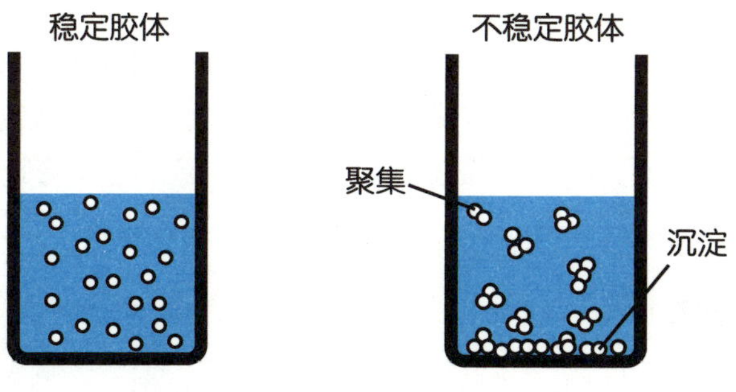

知识沉淀

胶体稳定性理论

胶体颗粒因范德华力而互相吸引，又在相互接近时因为双电层的重叠而受到静电斥力，胶体的稳定程度取决于上述两种作用力的相对大小。

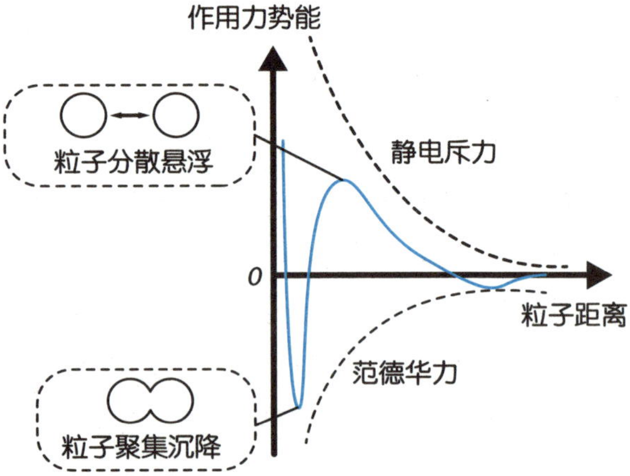

想一想

牛奶中的脂肪粒子能分散在水中形成胶体，果汁中的果肉却不行。如果要形成胶体，胶体颗粒需要具备哪些特点？

历史盲盒

——您和其他三位科学家不约而同提出了同样的理论，您觉得只是巧合吗？

德查金：科学的发展自有其内在规律，会让不同领域的科学家关注到相同的问题。那时候我和物理学家朗道合作，从物理学的角度率先解释了胶体的稳定性；没过几年，荷兰的费尔韦和奥弗贝从化学角度得出了相同的结论，进一步完善了这一理论。后来学术界用我们四个人的姓氏首字母将这个理论命名为“DLVO 理论”。

——您在科研工作中有没有过“马失前蹄”的经历？

德查金：我曾参与“多聚水”的研究。当时，有人声称在石英毛细管中加热再冷却的水会呈现出奇特的新性质。我依此进行了相关实验，期待有新发现。然而，随着研究的深入，我发现这些所谓的“新性质”实际上是由实验设计不当导致的杂质影响。于是，我公开否定了“多聚水”的存在，并提醒自己，即使是看似令人兴奋的新发现，也需要严密的实验反复验证。

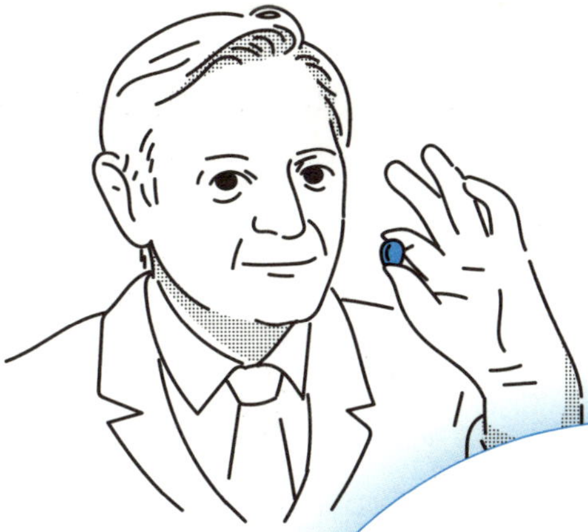

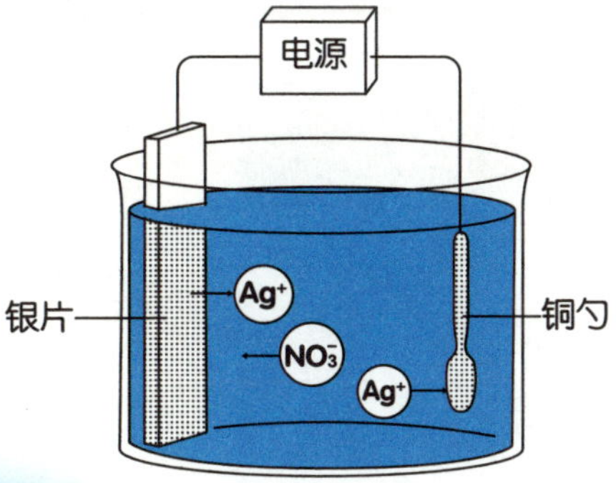

第五章

电化学

破译电荷转移的奥秘

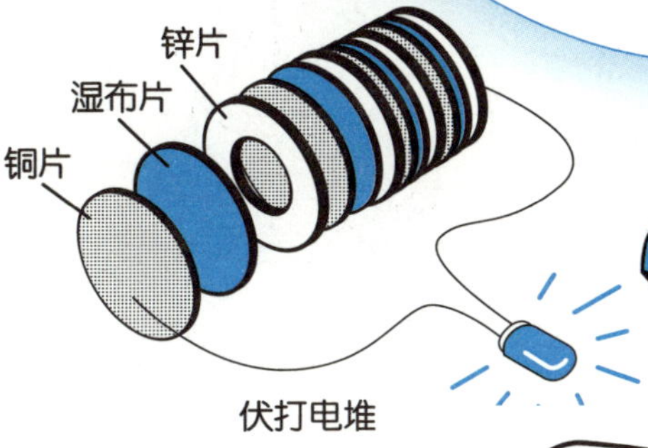

伏打电堆

伏打

伏打电堆是世界上第一个化学电池，由锌片、铜片和被盐水浸湿的布片交替而成，首次实现了持续稳定的电流输出。

姓　名　伏打（Alessandro Volta，1745—1827）

国　籍　意大利

贡　献　发明起电盘；发明静电计；发明伏打电堆

原理解读

跳动的青蛙腿

电池的发明源于一个偶然的发现。18 世纪，意大利科学家伽伐尼在解剖青蛙时注意到，当用铜钩将蛙腿挂在铁栏杆上时，蛙腿会突然抽搐。他以“生物电”对这一现象进行了解释。这个现象也引起了伏打的兴趣。之后，伏打多次重复了伽伐尼的实验，发现只要将两种不同的金属（如锡箔和银币）通过被盐水浸湿的布片连接，就会产生电流，蛙腿只不过是一种非常灵敏的验电器罢了。经过反复实验，伏打证明了不同金属接触时会产生电流，并测量了各种金属的带电特性。

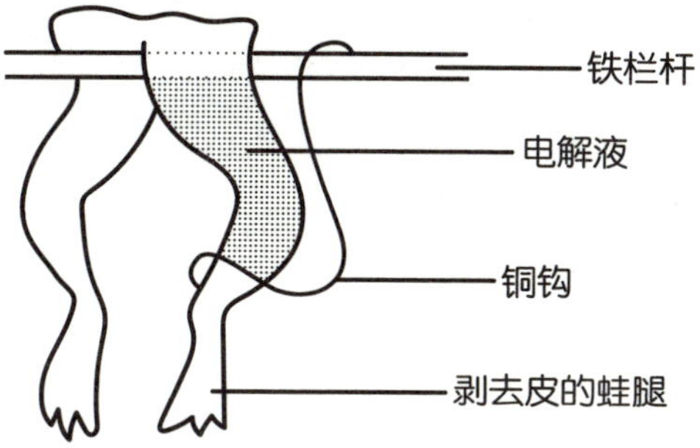

“动物电”引发青蛙腿抽搐

电池：现代生活的动力之源

伏打电堆首次实现持续稳定的电流输出，标志着人类掌握了将化学能转化为电能的关键技术。如今，从电动玩具、智能手机到医疗设备、航天器，电池已渗透人类世界的各类领域，成为现代生活持续运转的动力源。

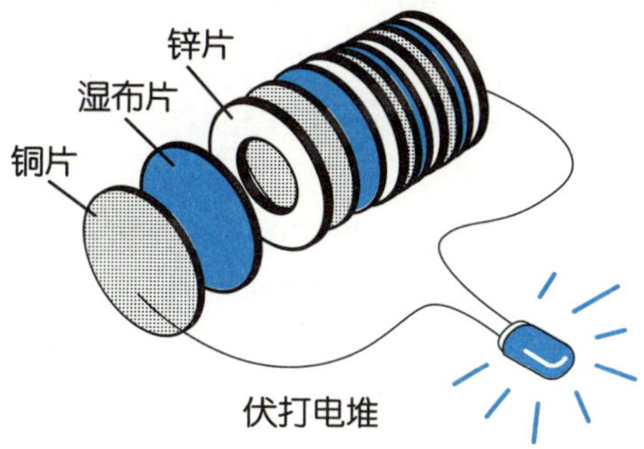

伏打电堆

最早的化学电源

1799 年，伏打发明了划时代的伏打电堆。这个装置就像多层汉堡：锌片和铜片交替摆放，中间夹着湿布片，层层堆叠。当锌片失去电子发生氧化反应时，电子通过外部电路流向铜片，驱动盐水中的离子迁移形成闭合回路，从而产生持续稳定的电流。这项发明为人类提供了首个稳定电源，开启了电气时代的大门。

知识沉淀

伏打电堆

世界上第一个化学电池。它由交替堆叠的锌片和铜片组成，每对金属片之间夹着湿布片。伏打电堆的工作原理和原电池类似，锌作为负极失去电子变成离子，电子通过盐水流向铜正极产生电流。

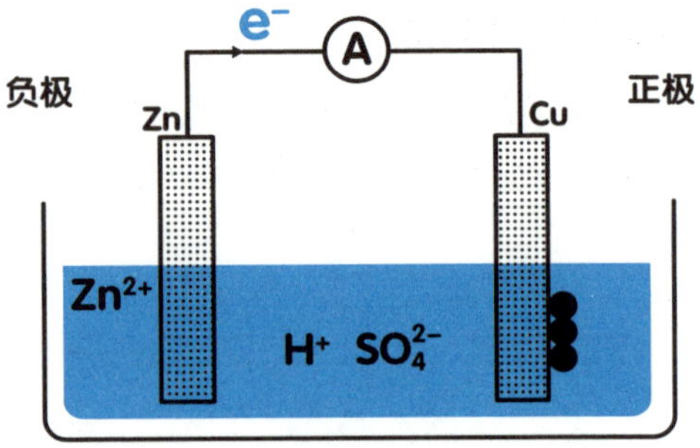

想一想

金属之间产生电流的大小与什么性质有关？还有什么其他的金属组合可以产生电流？

——您在帕维亚大学担任实验物理学教授近 40 年，深受学生爱戴。您怎么看待这一段经历？

伏打：记得那时候，我的讲座场场爆满，座无虚席，以至于学校专门新建了一座演讲厅。那段时光对我意义非凡，看到那么多年轻人对科学充满热情，是我坚持教学的最大动力。

——您在世时曾受到拿破仑的高度赞誉，获得了许多荣誉。您如何看待荣誉与科学的关系？

伏打：荣誉固然令人欣慰，但我始终认为，科学的价值不应依赖他人的掌声。对我而言，看到伏打电堆被各国实验室采用，听到学生用我的理论解释新现象，比任何荣誉都更珍贵——科学家的价值应刻在知识的进步中，而非勋章上。

历史盲盒

电解

戴维

使电流通过电解质溶液（或熔融电解质）而在阳极、阴极引起氧化还原反应的过程叫作电解。将电能转化为化学能的装置叫作电解池。

姓　名　戴维（Humphry Davy，1778—1829）

国　籍　英国

贡　献　从理论上解释了电解过程；开创农业化学；发现了七种化学元素；发明了矿用安全灯；发现一氧化二氮的麻醉特性

电解池："反向"电池？

我们知道，化学反应能够产生电能，电池就是典型的例子。反过来，电能也可以驱动化学反应，电解技术正是这一原理的实践应用。以电解水消毒机为例：只需在设备中加入适量氯化钠（NaCl）和水，通电后电解反应随即发生，直接生成氢氧化钠、氯气和氢气。其中，氯气会进一步与水反应，生成具有强效杀菌作用的次氯酸（HClO）和盐酸（HCl）。

元素界的探索者

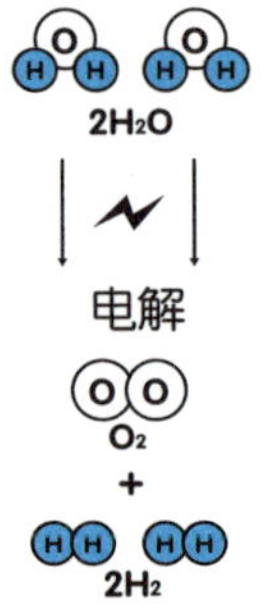

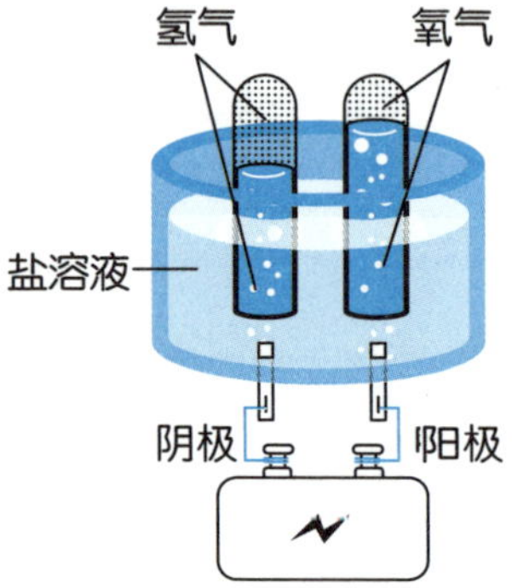

伏打电堆问世之后，迅速引起了科学界的关注，戴维便是其中一位极具探索精神的研究者。他重复了前人电解水的实验，通过定量测量证实生成的氢气和氧气体积比为严格的 2 : 1。

有了这个发现，戴维不禁开始思考：既然电能分解水，那么能否分解其他化合物？他随即开始进行熔融盐电解的研究。1807 年，戴维通过电解熔融碳酸钾（K_2CO_3），首次分离出金属钾；同年，又以类似方法从熔融碳酸钠（Na_2CO_3）中制得金属钠。基于大量实验，戴维提出革命性的观点：化学物质的结合与分解可以由电驱动，而电解是分离元素、揭示物质组成的核心方法。

电解制氢气

氢气是一种环保能源形式，现在工业上常用电解水的方法来制取氢气。通电后，水分子在阳极失去电子，释放出氧气，同时产生氢离子和电子（$2H_2O \xrightarrow{通电} O_2\uparrow+4H^++4e^-$）。随后，氢离子在阴极获得电子，重新组合成氢气：（$4H^++4e^- \xrightarrow{通电} 2H_2\uparrow$）。整个过程就像拆解积木，只消耗水和电，最终得到氢气和氧气，不会产生污染。

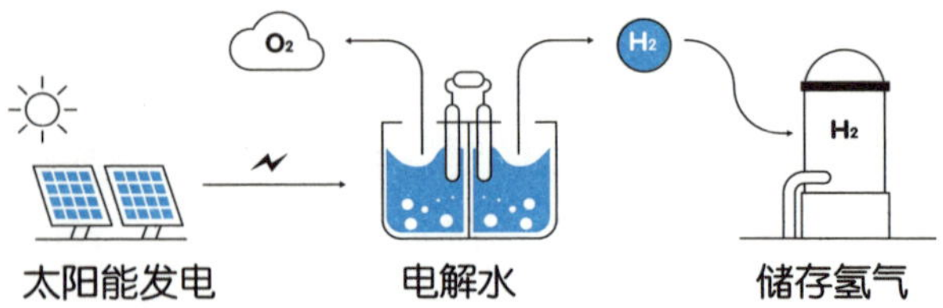

知识沉淀

电解原理

当直流电通过电解质溶液或熔融电解质时，溶液中的正负离子会分别向两极移动。带正电的金属离子（如铜离子）向阴极移动，并在那里获得电子被还原成金属单质；同时，带负电的离子（如氯离子）向阳极移动，失去电子被氧化。

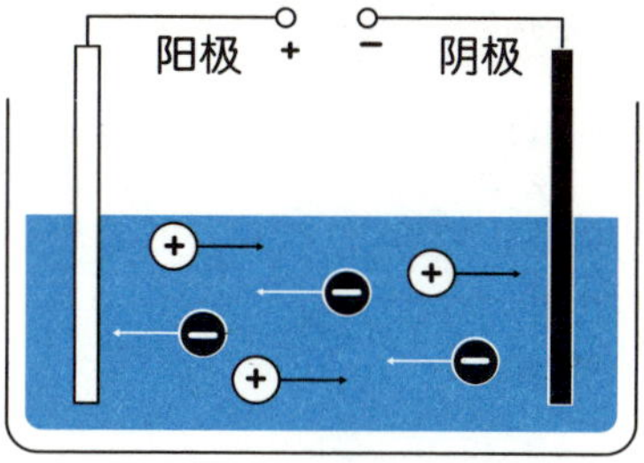

想一想

家庭自制水果电池时，用铜片和锌片插入柠檬中能产生微弱电流，但这不属于电解。若想用电解原理在柠檬中实现“铜上镀锌”，需要额外接入什么装置？电极该如何连接？

——您与法拉第的师生关系如何？

戴维：1813 年，我雇用法拉第为助手。虽然他最开始只做一些记录数据、清洗仪器等基础工作，但后来他很快就在这个领域展现出惊人的天赋。我带他游历欧洲，把他引荐给安培、盖－吕萨克等学者，并支持他独立研究。后来法拉第在电磁学领域的成就甚至超越了我，但我始终以“发现法拉第”为傲。

——可以介绍一下您发明矿工安全灯，也就是戴维灯的前因后果吗？

戴维：1815 年，我开始着手改良矿灯。我通过实验发现，金属网能降低火焰温度，阻止甲烷燃烧。通过反复测试，我最终确定了合适的金属网眼密度，让矿灯能快速散热，设计还兼顾矿工操作习惯，选用耐腐蚀的黄铜打造灯体，确保安全实用。戴维灯虽非完美，却是用基础研究解决工业难题的良好开端，这也是科学的社会价值。

历史盲盒

电镀

布鲁纳特利

一种利用电解原理在某些金属表面镀上一薄层其他金属或合金的加工工艺。

姓　名　布鲁纳特利（Luigi Valentino Brugnatelli，1761—1818）

国　籍　意大利

贡　献　发现了多种化合物；发明了电镀技术；创办了多种学术杂志

原理解读

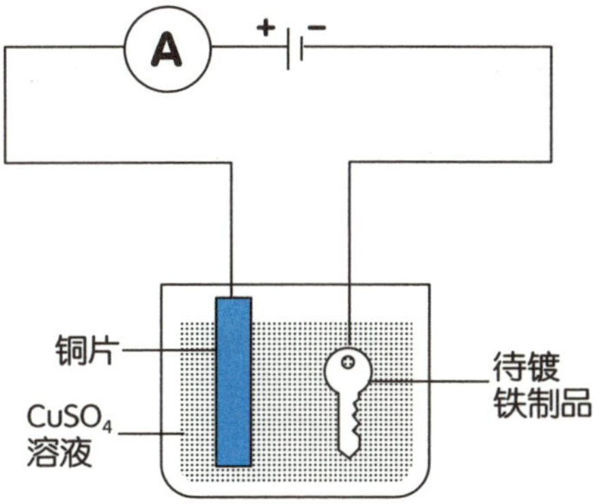

在钥匙表面镀铜

电镀：金属的“美容师”

为什么有些饰品拿在手里轻飘飘的，却呈现出金灿灿的金属光泽？

这都得益于电镀技术的应用。电镀就像给物品穿上一件金属外衣：把铁或合金等制成的饰品浸入电解质溶液中，通电后，液体中的金属离子会被还原，而后均匀附着在表面，形成一层超薄的金属镀层。这样将一些美丽但昂贵的金属镀在廉价的材料上，就能够保留贵金属的光泽，同时降低成本。

被刻意打压而忽视的重要成果

1805 年，布鲁纳特利在一次实验中将两块银片浸入氯化金溶液并通电，惊讶地发现阴极银片上逐渐覆盖一层均匀的金色镀层——这是人类历史上首次成功的电镀实验。然而这项技术未获拿破仑赏识，反而遭到全面打压。拿破仑担心“点银成金”的技术会助长造假行为，下令限制其发展。加之布鲁纳特利与法国科学院存在其他矛盾，这项技术被长期雪藏，直到他去世后才在工业领域获得广泛应用。

金属离子的“漂流”

电镀技术的原理和电池放电很相似。通电后，电镀液里的金属离子会游向阴极，并在那里获得电子，被还原成金属单质，就像给物品穿上一件金属外衣。与此同时，阳极的金属会慢慢溶解到溶液中，补充消耗的金属离子，让溶液浓度保持稳定。

知识沉淀

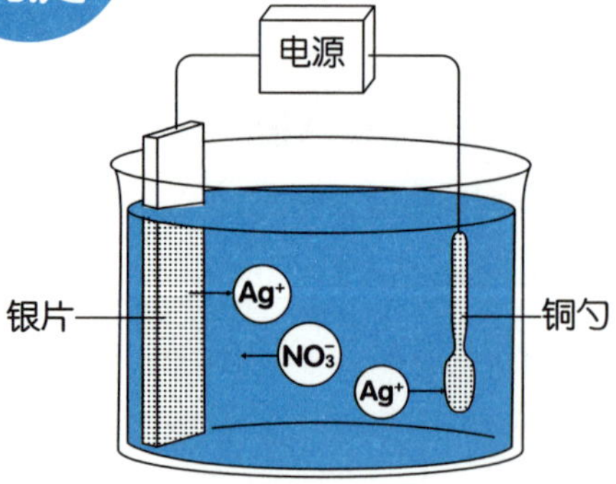

电镀

将被镀导电件作为阴极，在外加电压下使电解液中的金属离子在其表面被还原形成金属沉积层的过程。

中国智慧

鎏金乃中国古代智慧结晶，工匠将金与水银通过齐化反应制成金汞齐（金泥），均匀涂抹于铜器表面后加热，使水银蒸发、金紧密附着器物，形成光亮金层，故又称“火镀金”。此工艺展现古人对金属附着原理的深刻认知，与电镀同为通过工艺实现金属镀层的表面处理。

历史盲盒

——您与伏打是同事和朋友，能谈谈这段友谊以及它如何促成了电镀技术的诞生吗?

布鲁纳特利：当然。伏打是我在帕维亚大学的同事，我们的友谊源于对科学的共同热爱。1801 年，我陪同他前往巴黎，向拿破仑展示他的新发明——伏打电堆。正是这项发明启发了我思考电流在化学反应中的应用。1805 年，我利用伏打电堆的原理，成功实现了金属的电沉积，开创了电镀技术的新纪元。

——听说您还非常重视科学普及工作，这是真的吗?

布鲁纳特利：是的，科学传播对我来说非常重要。除了实验室的研究，我还创办并主编了几份科学期刊，比如《欧洲物理图书馆》和《化学年鉴》，致力于把最新的科学知识带给更多的人。我相信，科学只有被更多人理解和接受，才能真正推动社会进步。因此，我也编写了多部科普小册子，帮助人们学习科学知识。

燃料电池 格罗夫

一种将燃料（如氢气、甲醇等）的化学能直接转化为电能的装置，通过电化学反应而非燃烧过程产生能量。

姓　名　格罗夫（William Robert Grove，1811—1896）

国　籍　英国

贡　献　发明格罗夫电池；发明最早的燃料电池

原理解读

律师的“副业”

通电后，水可以被分解为氢气和氧气，这是一种把电能转化为化学能的方法。那么反过来，如果让氢气和氧气重新结合，会发生什么？答案是：可以用来发电！这个看似超前的设想，竟然来自一位法律专业出身的英国人——格罗夫。1839年，他发明了一种新型电池，后来被称为“格罗夫电池”，其电压高达1.8伏，在当时堪称性能卓越。

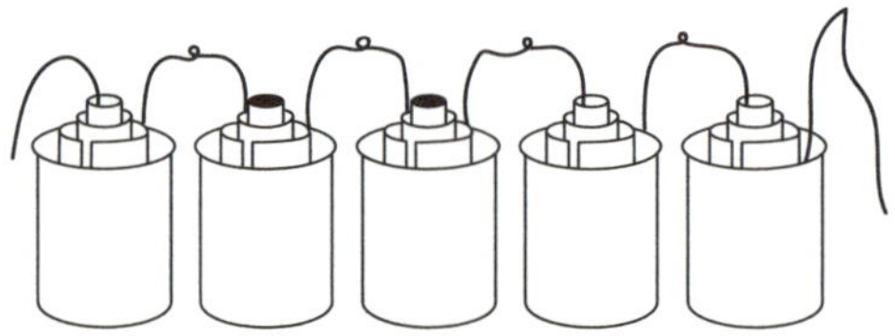

早期的燃料电池

燃料电池的雏形

1842年，格罗夫又提出一个更大胆的构想：能否直接利用氢气和氧气来发电？他将两种气体分别引入电极，并让它们在水中参与反应，成功实现了能量的“逆转换”——由氢气和氧气合成水，并释放出电能。他把这个装置称为“气体电池”，它已经具备了现代燃料电池的基本构造。虽然“燃料电池”这一术语直到几十年后才正式出现，但格罗夫无疑是这一概念的先驱。

原理其实不复杂：一场“冷燃烧”

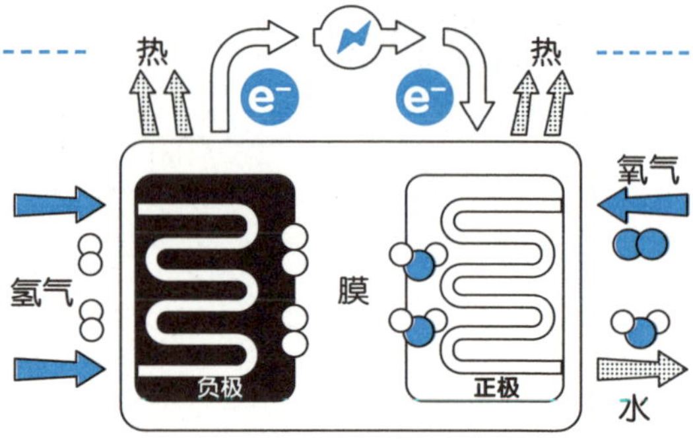

燃料电池的工作原理，其实可以看成是一场“无火焰”的燃烧反应。氢气进入电池的负极，在催化剂作用下失去电子，变成氢离子。氢离子能够穿过中间的选择性膜前往正极，电子则被“引导”至外部电路流动，形成电流，从而供给能量。与此同时，在正极，氧气、氢离子和电子重新结合，生成水。

整个过程反应温度不高于100℃，既没有明火，也几乎没有污染，因此被称为“冷燃烧”。凭借其清洁、安全、高能效的特性，燃料电池已被广泛应用于航天器、新能源汽车等领域。

知识沉淀

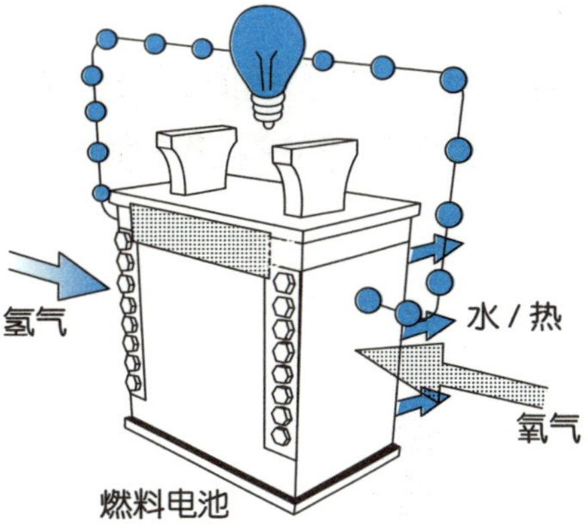

燃料电池

将氢气、甲醇等燃料的化学能直接转化成电能的化学电源。以氢氧燃料电池为例，负极通入氢气，在电解液中失去电子变成氢离子。氢离子通过质子交换膜进入正极后，在铂电极的催化下与氧气反应生成水。

想一想

为什么有些氢能源公交车加氢只需 3 分钟，而电动车充电却要 1 小时？燃料电池的“快”藏在什么化学反应里？

——您当时是科学界炙手可热的明星，可为什么又放弃科学事业，选择成为法律工作者呢？

格罗夫：1850 年后，我逐渐淡出实验室，全身心投入法律实务，最终成为英国高等法院王座法庭的法官。但科学思维始终影响我的司法实践——在专利纠纷中，我常以实验数据作为证据采信的核心。我曾在判决书中写道，“科学追求真理，法律维护正义，二者皆需以事实为基石”。

——听闻您在科学普及方面也做了很多贡献，影响了维多利亚时代的公众认知？

格罗夫：1843 年，我出版《物理力的相关性》，提出“电能、热能、化学能可相互转化”的统一观点，用通俗语言解释能量守恒。这本书被译为法、德、俄文，甚至成为狄更斯小说中工程师角色的案头书。我在皇家学会的系列讲座中，用电解水、电磁感应等实验演示“力的相关性”，使维多利亚时代的公众首次直观理解“科学是统一的自然法则”。

历史盲盒

锂离子电池 —— 古迪纳夫

一种高效的可充电电池，基于锂离子在正极和负极之间的可逆迁移来实现电能的存储与释放。

姓　名　古迪纳夫（John Bannister Goodenough，1922—2023）

国　籍　美国

贡　献　被誉为“锂离子电池之父”；开发带有氧化钴阴极的锂离子电池

电池的“瘦身”之路

1799 年，意大利科学家伏打发明了世界上第一块电池——伏打电堆，首次实现了稳定的电流输出。这项突破让电流第一次“被驯服”，也拉开了电池微型化的序幕。从笨重的铅酸电池，到各种型号的碱性电池，再到如今纳米材料的锂离子电池，电池的发展史是一场跨越两个多世纪的“瘦身”革命。

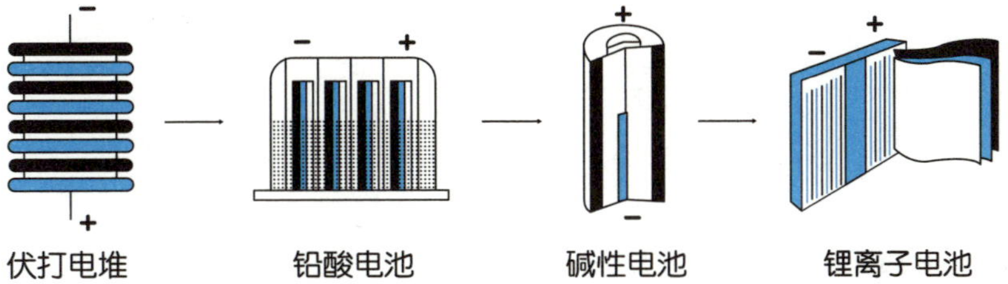

锂离子电池：科学家们的接力成果

锂是自然界最轻的金属，却拥有惊人的储能。20 世纪 70 年代，惠廷厄姆首次提出锂电池概念，但因金属锂过于活泼，安全性难以保障。古迪纳夫改用钴酸锂作为正极，同时实现安全性和储存电量的提升。随后，吉野彰以碳材料为负极，成功实现电池的可重复充电与商业化量产。三位科学家因在这一领域的突出贡献，共同获颁 2019 年诺贝尔化学奖。他们的努力不仅推动了科技进步，也加速了新能源时代的到来。

纳米尺度里的能量革命

今天的锂离子电池，早已不是简单的金属片叠层。科学家将正负极材料精细加工成微米甚至纳米级薄层，搭配高导电电解液与高强度隔膜，为锂离子开辟高速“通道”。紧凑的封装技术让电池能量密度持续提升，体积却越来越小。从智能手表、手机到新能源汽车、太空探测器，锂离子电池几乎无所不在，支撑起整个数字化、低碳化的现代生活。

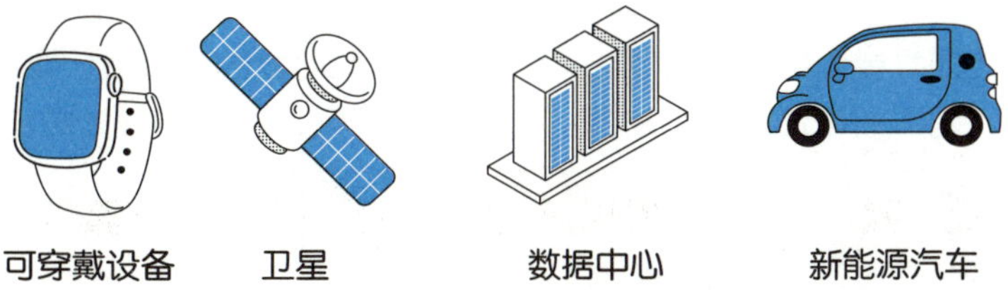

知识沉淀

锂离子电池

一种可充电电池，通过锂离子在正负极间的往返移动实现充、放电。例如，放电时，锂离子从负极材料石墨中脱嵌，向正极移动，嵌入正极材料钴酸锂晶体中；充电时，锂离子从正极的钴酸锂晶体中脱嵌，回到负极，嵌入石墨。

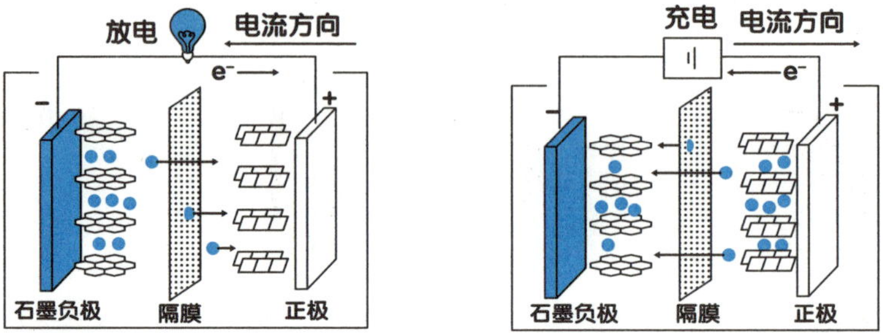

中国智慧

在大力发展新能源汽车政策的推动下，2015 年开始，中国锂离子电池产业规模迅速增长。2024 年，中国锂离子电池产量为 1170 千兆瓦时，同比增长 24%，连续多年稳居全球最大的锂离子电池生产国。

——您为什么认为在研究时应该“材料先行”？

古迪纳夫：我反对“理论优先”的教条，主张“从材料性能反推机理”。例如，研究锂离子电池时，我先通过实验筛选出高容量氧化物，再用固体物理学理论解释离子传导机制。这种“实验驱动理论”的路径，使我的团队在钠离子电池、固态电池等领域屡出创新。

——您 97 岁获诺贝尔奖时感慨“科研需耐心”，能不能给我们举个简单的例子？

古迪纳夫：1979 年我提出将“聚阴离子化合物”（如磷酸铁锂）用于电池正极，但因其导电性差遭质疑。直到 1996 年，碳包覆技术的出现提升了电导率，才使磷酸铁锂成为电动汽车电池的主流材料。所以，科学突破常需跨越代际的坚持。耐心不是白白等待，而是持续为突破积累必要条件。

历史盲盒

法拉第电解定律

法拉第

在电解过程中，电极上析出（或溶解）的物质的质量 m 与通过电解池的总电荷量 Q 成正比，且与该物质的摩尔质量 M 成正比，与电极反应中转移的电子数 z 成反比。

姓　名　法拉第（Michael Faraday，1791—1867）

国　籍　英国

贡　献　研究电场和磁场，最先引入场的概念；发现电磁感应现象；发现了两种新的氯化碳；提出了法拉第电解定律

原理解读

如何量化电解反应生成物质的量呢？

在电解过程中，电解液中的金属离子会在电流的作用下定向迁移，在阴极发生还原反应，形成金属沉积层。要量化沉积量，最直接的方法是称量电极前后的质量差，但在工业生产和实验设计中，实时称重显然不切实际。那么如何通过计算得到这个结果呢？这就需要法拉第电解定律登场了。

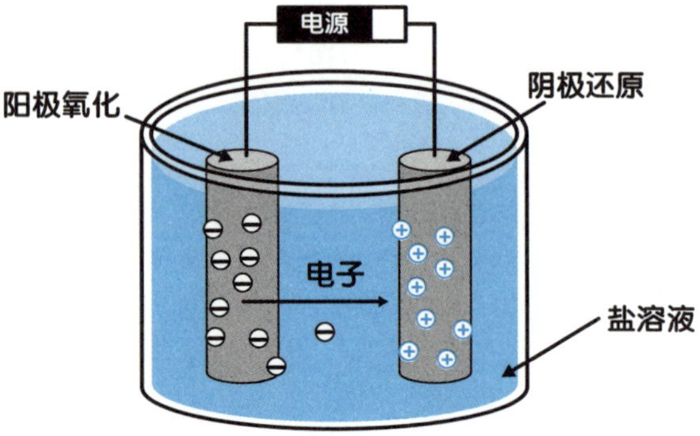

电解的计算法则

19 世纪初，法拉第通过大量的实验证明不同电源产生的“电”的本质都相同，并提出了两条定量规律——法拉第电解定律。

第一定律：电荷越多，产物越多。比如给硫酸铜溶液通电，铜离子在阴极还原成铜原子，每个铜离子（Cu^{2+}）需要“抓住”两个电子。通过的电流越多，提供的电子就越多，就能还原出更多的铜，铜的质量也就相应增加。

第二定律：不同金属的“换算比”不同。仍以 +2 价金属离子为例，通入相同电量，每个铜离子和锌离子都需要两个电子还原成原子，但它们的“体重”不同——铜原子的相对原子质量为 63.55，而锌原子为 65.39。所以，同样的通电时间，铜和锌析出的质量也有差别，比例恰好和它们的相对原子质量成正比。

$$Cu^{2+} + 2e^- = Cu \text{（还原反应）}$$

法拉第电解定律的价值

这两条定律让人们第一次可以不靠称重，而是用电流大小、通电时间等数据，精确计算出生成或消耗的物质量。如今，从冶金、电镀到电池制造，法拉第电解定律都在幕后起着重要作用。

知识沉淀

法拉第第一定律

在电解过程中，电极上析出（或溶解）的物质的质量与通过电解池的电荷量成正比。

法拉第第二定律

在给定电量下，电极反应生成或消耗的某物质的质量与该物质的摩尔质量和离子电荷数的比值成正比。

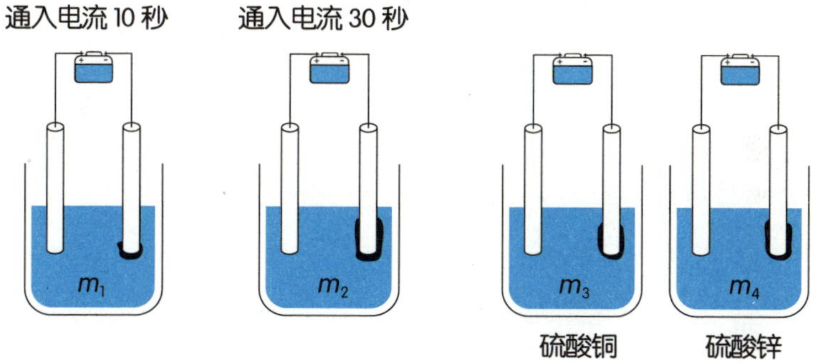

$m_1 : m_2 = 1 : 3$　　　$m_3 : m_4 = 63.55 : 65.39$

想一想

镀 1 克金和镀 1 克银，哪一个耗电量更大？为什么？

——早年您是著名化学家戴维的助手，这段经历对您有什么影响?

法拉第：那是我人生中最重要的转折点之一。虽然最初我只负责擦拭仪器、记录数据，但我始终睁大眼睛学习，尽可能多地理解实验原理。戴维先生启发了我对科学的热情，也让我意识到，出身并不能决定一个人的科研高度，勤奋与好奇才是最好的导师。

——在您的科研道路上，有没有遇到过挫折?

法拉第：当然有。那时，我的电磁转动实验被质疑，甚至恩师和同行都没帮我澄清，让我万分沮丧，一度想放弃科学研究。是我的妻子萨拉一直鼓励我，在精神上给了我极大的支持。有她在，我才能心无旁骛地继续研究，坚定自己的方向，最终赢得认可。

历史盲盒

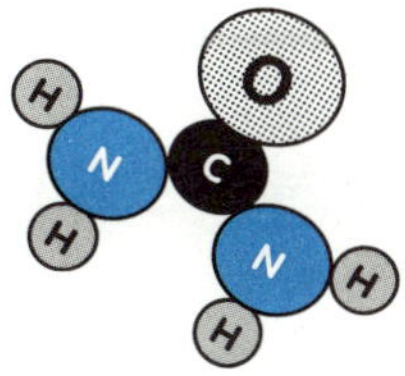

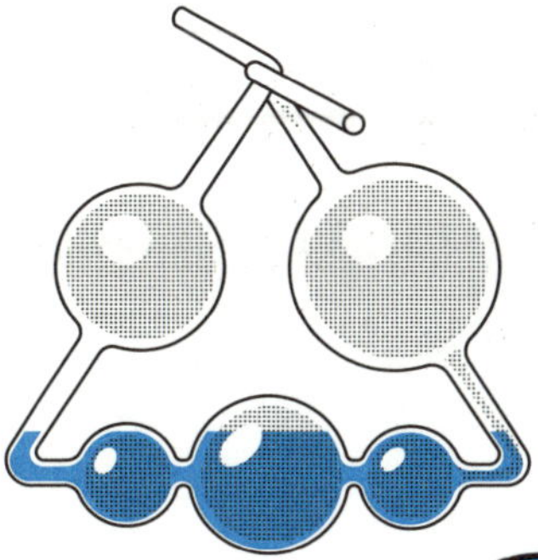

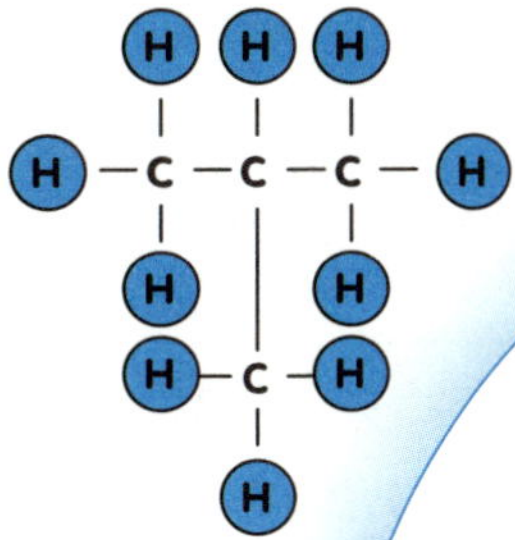

第六章

有机化学

展现碳基分子的无限可能

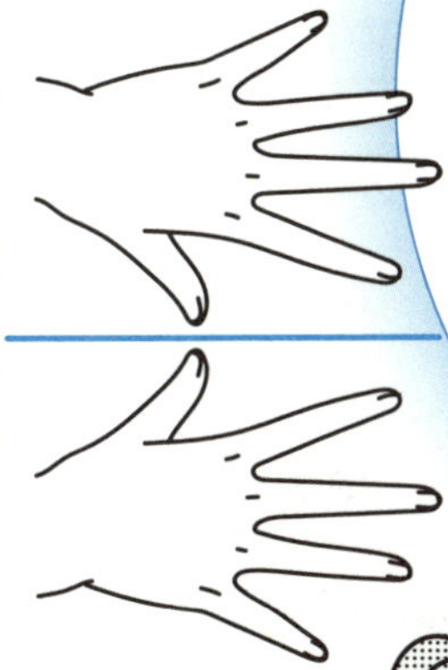

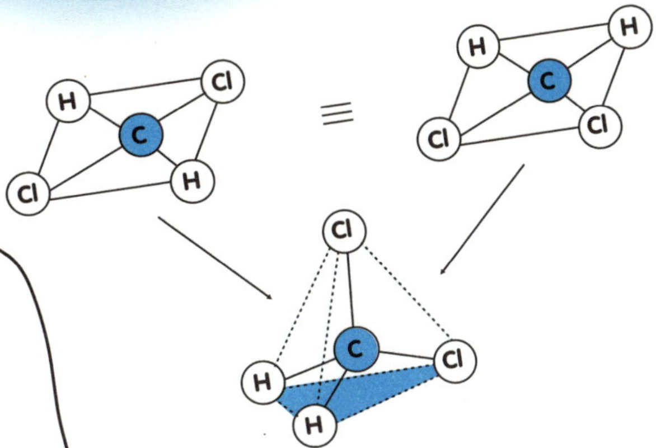

有机化合物 —— 维勒

分子中包含碳氢键的化合物及其衍生物被称为有机化合物。

姓　名　维勒（Friedrich Wohler，1800—1882）

国　籍　德国

贡　献　人工合成尿素，打破“生命力学说”；制备铝单质

原理解读

有机化合物：生命的基础

有机化合物指的是分子中包含碳氢键的化合物及其衍生物。这个词最早指的是来自生物体的物质。但随着科学的发展，尤其是人工合成有机化合物的出现，“有机”的定义逐渐从“来源”转向“结构”——如今我们可以根据元素组成来大致确定有机化合物的范围。

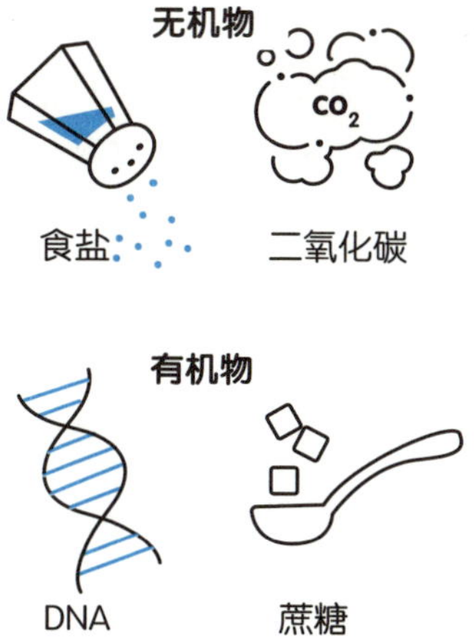

有机化合物的合成：青出于蓝

1806 年，瑞典化学家贝采利乌斯首次提出“有机化学”概念时，科学界普遍信奉“生命力学说”，坚信有机物只能在生命体内产生。然而，这一观点在 1828 年被德国化学家维勒意外打破。

维勒在研究氰酸铵时，意外获得了一种白色晶体。经过四年的深入研究，他最终确认这个产物竟是尿素——一种存在于尿液中的有机化合物。这一发现引发了巨大争议，面对质疑，维勒以严谨的实验数据和重复验证坚持自己的发现。

随着其他科学家成功复现实验并合成更多有机物，“生命力学说”的根基被彻底瓦解。维勒这个“美丽的意外”不仅开创了人工合成有机物的先河，更打破了无机物与有机物之间的绝对界限，为现代有机化学奠定了基石。

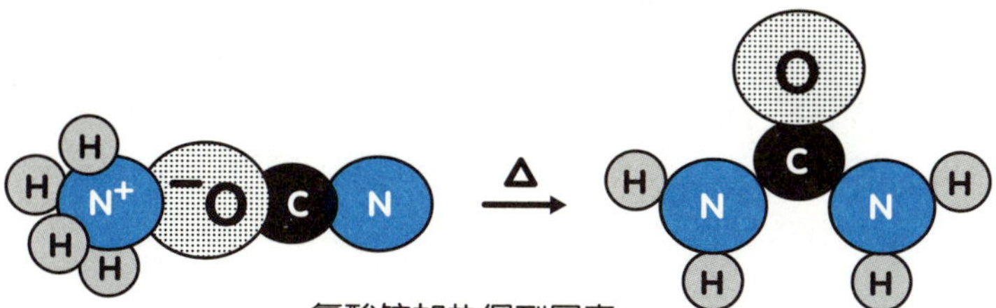

氰酸铵加热得到尿素

如今，有机合成早已改变世界。它让我们能制造药物、塑料、纤维、染料、农药，推动了医药、材料、农业等领域的发展。可以说，有机合成是现代生活中那只看不见却无处不在的“化学之手”。

知识沉淀

有机化合物

分子中包含碳氢键的化合物及其衍生物。

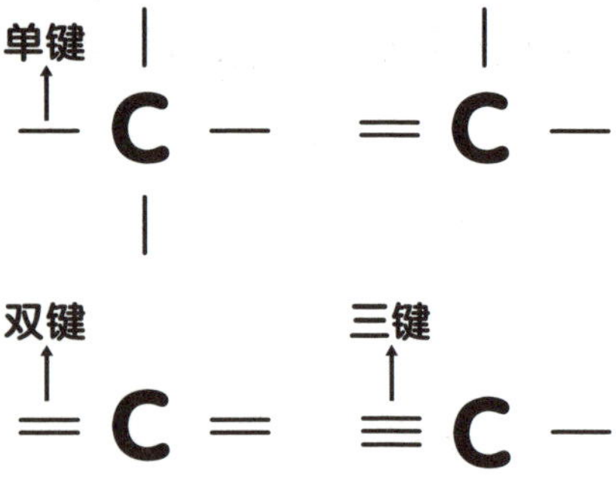

尿素（CH_4N_2O）

一种白色晶体，无味无臭，易溶于水、乙醇和苯，是最简单的有机化合物之一。因为人的尿液中含有这种物质，所以取名尿素。

想一想

生活中还有哪些有机物？它们之中哪些是天然产生的？哪些是人造的呢？

历史盲盒

——听说您小时候就热爱实验，而且因为做实验还经常受到父亲的批评，这是真的吗？

维勒：我从小就对化学世界着迷，学化学可比学其他的功课有意思多了。而这种偏科自然不是我父亲想要的结果。再加上我做的一些实验太过大胆，他经常批评我，还没收了我的实验设备。可是没有这一切，我也不会有之后的那些成就。

——您曾经在研究过程中与元素钒的发现失之交臂，您对这件事感到惋惜吗？

维勒：在分析一块来自墨西哥的矿石时，我虽然推测其中含有新元素，但是那并不是我当时的研究重点，所以我就没有继续研究。我的同门师兄塞夫斯托姆接手了这块矿石的研究，最终找到了元素钒。我为他感到由衷的高兴，同时这也告诫我们所有人：对每个疑问追根究底，才能找到科学的答案。

元素定量分析——李比希

用于测定有机化合物中各元素百分含量的化学分析方法。

姓　名　李比希（Justus von Liebig，1803—1873）

国　籍　德国

贡　献　发现了同分异构现象；创立了有机化学；发明了现代面向实验室的教学方法；第一个主张用化肥代替天然肥料

原理解读

有机物的组成是怎么测定的?

当我们看到一个有机物的化学式时，我们就知道这个有机物的元素组成及各元素的含量，但是有机物的元素组成一开始是怎么得到的呢?

$C_2H_4O_2$

乙酸分子式

CH_2O

乙酸实验式

德国科学家李比希最早提出了有机化合物的元素定量分析方法。他用实验测定了有机物中各元素的占比，并以此计算并得到了有机物的实验式，来表述化合物的元素种类及最简比例。

李比希的精妙实验仪器

李比希创造性地设计了一种测定有机物元素组成的燃烧分析法。他将只含有碳、氢、氧三种元素的有机化合物完全燃烧，先通过氢氧化钾溶液吸收生成的二氧化碳，再通过无水氯化钙吸收生成的水，根据吸收剂增重计算各元素含量。

李比希为这个实验设计了一个精妙的五球瓶装置：一根弯折成等边三角形的玻璃管，上面穿插着五个玻璃球。中央三个球盛装氢氧化钾溶液，其液位设计精妙——既要高于连接通道以确保充分吸收，又要留有空间以通过气泡观察进气量。入口端的大球用于检查气密性，出口端的球则用于平衡气压。整套装置前后还连接着无水氯化钙 U 型管，既吸收水汽又防止溶液挥发。

这个看似简单的装置处处体现着化学大师的智慧，不仅解决了当时有机物分析的难题，其设计理念至今仍启发着实验仪器的创新。

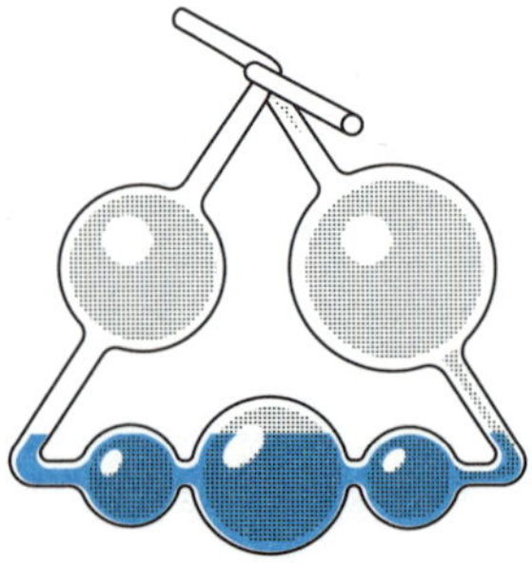

五球瓶装置

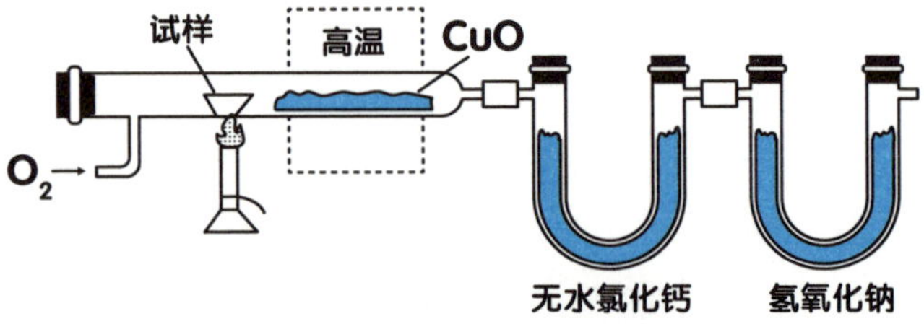

现在的碳、氢、氧元素的定量分析装置

知识沉淀

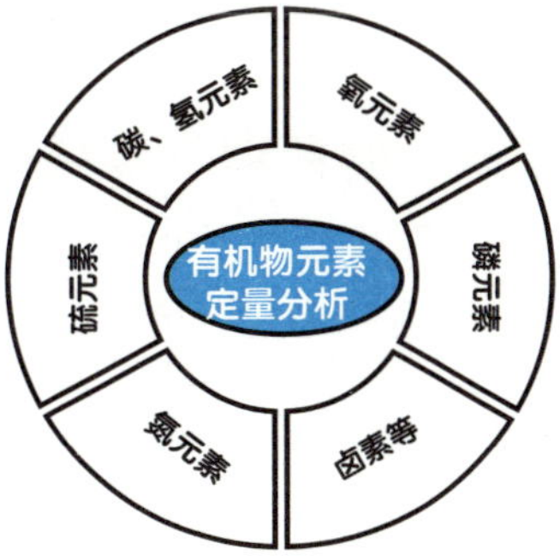

元素定量分析

用于测定有机化合物中各元素百分含量的化学分析方法。

有机物中不同元素的完全氧化产物

氢元素生成水，碳元素生成二氧化碳。

$$CH_4+2O_2 \xlongequal{点燃} CO_2+2H_2O$$

想一想

李比希的方法适用于只含碳、氢、氧三种元素的有机物。你能想到或查找到，在现代化学中，科学家是如何检测有机化合物中是否含有氮、硫、卤素等元素的吗？

——您为什么会走上研究化学的道路呢？

李比希： 这要从我父亲的小杂货铺说起。那间铺子里堆满了瓶瓶罐罐和奇奇怪怪的粉末。相比天天死记硬背拉丁文的学校教育，我更喜欢自己捣鼓化学实验。12 岁那年，我偷偷用硝石和硫黄配制火药，把家里的窗户都震碎了。虽然挨了顿揍，但那种探索的快乐让我彻底迷上了化学。

——您对自己被称为“肥料工业之父”怎么看？

李比希： 这个称号，我受之有愧，却也当之无愧。当时的欧洲频繁爆发饥荒，我意识到化学不该停留在实验室，而应该为人类生存服务。通过数百次实验，我证明了植物生长离不开氮、磷、钾等无机元素，就像人离不开面包一样。实验证实，施用矿物肥料的田地，小麦产量提高了三倍！你看，一株麦穗在阳光下弯下了腰，我知道，那里面也有我的一点贡献。

历史盲盒

同分异构体——贝采利乌斯

化合物具有相同的分子式，但具有不同结构的现象叫同分异构现象，具有同分异构现象的化合物互为同分异构体。

姓　名　贝采利乌斯（Jöns Jacob Berzelius，1779—1848）

国　籍　瑞典

贡　献　以氧为标准测定了五十种元素的原子量；创立了现代元素符号；发现和首次制取了硅、钍、硒等多种元素；发现“同分异构”现象并首次提出“催化”的概念

原理解读

同分异构体的提出

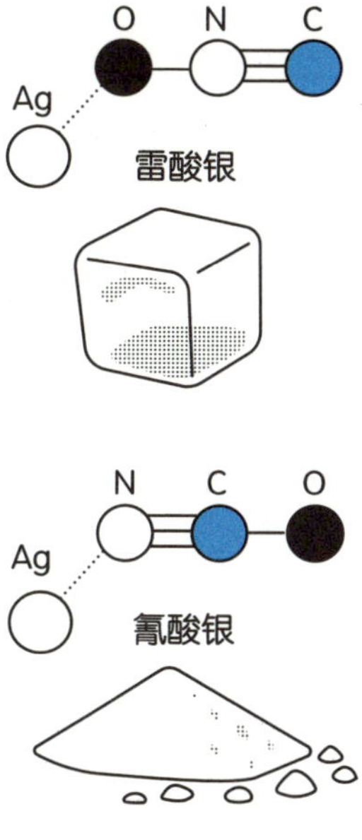

性质不同的同分异构体

1828 年，维勒在实验室成功用氰酸铵合成尿素，彻底动摇了当时学术界盛行的“生命力学说”。这一突破不仅拓展了化学研究的范畴，更促使化学家们将研究重心从“是否能合成有机物”转向“有机物的结构与性质如何关联”。

在维勒的研究被证实之后，贝采利乌斯重新审视了自己早年观察到的现象：雷酸银与氰酸银虽化学式相同（AgCNO），性质却截然不同——前者为无色晶体，后者为棕色粉末。他意识到这种差异并非由实验误差或“生命力”的神秘作用所导致，而源于分子中原子的排列方式不同。基于此，他提出了“同分异构体”的概念——化学式相同但结构不同、性质相异的物质互为同分异构体。

同分异构体：形似神不似的“多胞胎”

烷烃由碳链和氢原子构成，可碳链都是一条直链吗？并非如此。甲烷、乙烷、丙烷因碳原子少，只能形成直链。但当碳原子数超过三个时，碳链可能像树枝般分叉，形成带支链的结构。这种因碳链支链数目和位置不同形成的结构差异，使得分子组成相同的烷烃成为同分异构体。

就像积木数量越多，搭建形式越多样一样，碳原子越多，分叉可能性越大。例如丁烷（C_4H_{10}）有 2 种同分异构体，而癸烷（$C_{10}H_{22}$）有 75 种同分异构体。随着碳原子数量的增加，碳链排列的方式也越来越多，这种结构多样性正是有机化合物种类繁多的关键原因。

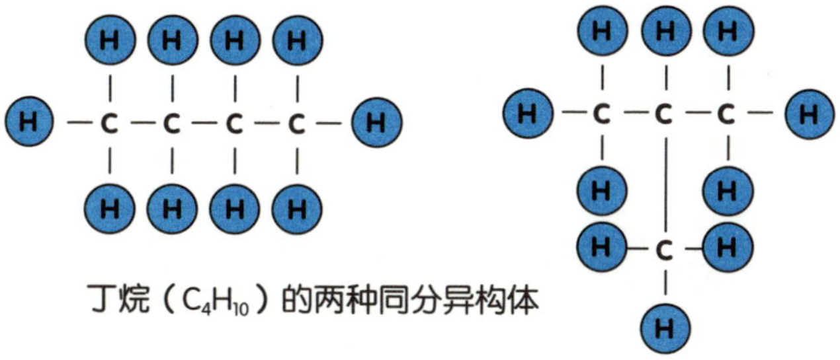
丁烷（C_4H_{10}）的两种同分异构体

知识沉淀

同分异构体

具有相同的分子式，但具有不同结构的化合物互称为同分异构体。

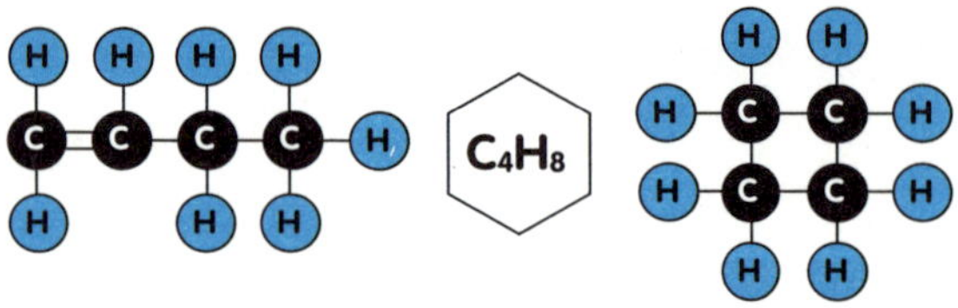

想一想

有些物质像化学双胞胎一样分子式相同，功能却天差地别，这就跟同分异构体有关。比如同样是“糖”，葡萄糖能快速为人体供能，果糖却能添加在运动饮料中用于延缓血糖波动。生活中还有哪些因分子结构不同而功能迥异的例子？

——您最早是学医学的，怎么会转去研究化学呢？

贝采利乌斯：我在乌普萨拉大学学习医学时，有时候会偷偷溜进化学实验室，复现教科书上的实验。实验室的阿夫泽利乌斯教授得知后非但没有责怪我，反倒邀请我常来做实验。于是，我亲自构建了一个伏打电堆，还把它用于研究电击对疾病的影响。实验让我对化学产生了浓厚兴趣，阿夫泽利乌斯教授也成了我在化学上的引路人。

——听说硒的发现很有戏剧性，您能讲讲当时的情况吗？

贝采利乌斯：1817 年，我在硫酸工厂调查时，发现铅室底部有种奇怪的红色粉末，燃烧时还有股像碲那样的腐烂萝卜味。我起初以为是碲，但反复分析后确认这是一种全新的元素。既然碲的名字来自“地球女神”，我便以“月亮女神”将这种新元素命名为 Selenium，也就是硒。说来还真是一次意外收获。

历史盲盒

碳价四面体学说

范托夫

碳原子的四个价键在空间上呈四面体排列，碳位于中心，四个键指向四面体的四个顶点。

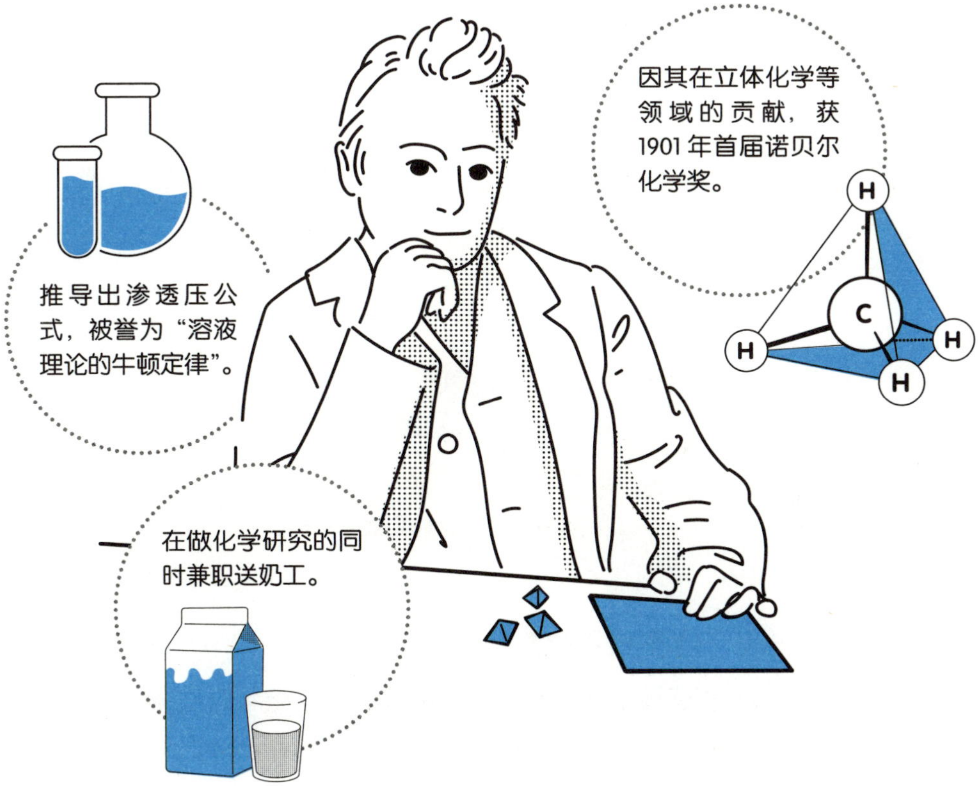

姓　名　范托夫（Jacobus Henricus van't Hoff，1852—1911）

国　籍　荷兰

贡　献　提出分子的空间立体结构的假说以及碳价四面体学说；发现溶液中的化学动力学法则和渗透压规律

原理解读

一切从一个“扁平”的误会开始

以前，科学家们普遍认为分子的结构就像画在纸上的图案——是扁平的。他们想当然地认为，在二氯甲烷这样的化合物中，四个原子都乖乖地排在一个平面上。但很快问题出现了：如果这种平面结构是对的，那二氯甲烷应该有两种不同的结构（氯原子的位置是相邻或相对的）。可实验表明它只有一种。又比如，某些含碳化合物像左手和右手，明明成分完全一样，却怎么都不能重合。这样的现象，用平面结构根本解释不了！

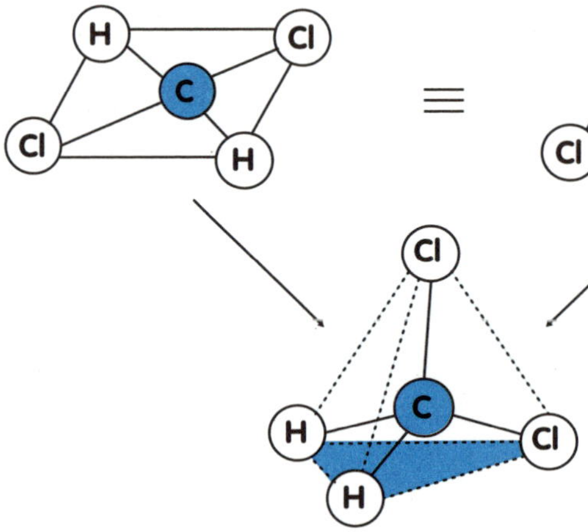

二氯甲烷的平面结构和立体结构

范托夫的灵光一闪：分子结构是立体的！

1874 年，年仅 22 岁的荷兰科学家范托夫提出了一个全新的想法：碳原子的架构不是扁平的，而是立体的！他认为，碳原子就像站在空间中心的一个小球，伸出四条“手臂”指向正四面体的四个顶点。这完美解释了为什么二氯甲烷只有一种结构——因为在正四面体中，两个氯原子的位置无论如何互换，整个分子结构都是完全一样的。

当这四条“手臂”连接的是四种不同的原子或基团时，就会出现像左右手一样的手性异构体，也就是“互为镜像却无法重合”的结构。

几乎同时，法国科学家勒贝尔也提出了类似的观点。两位科学家的发现，彻底改变了人们对分子的认识，并奠定了立体化学这门新学科的基础。

知识沉淀

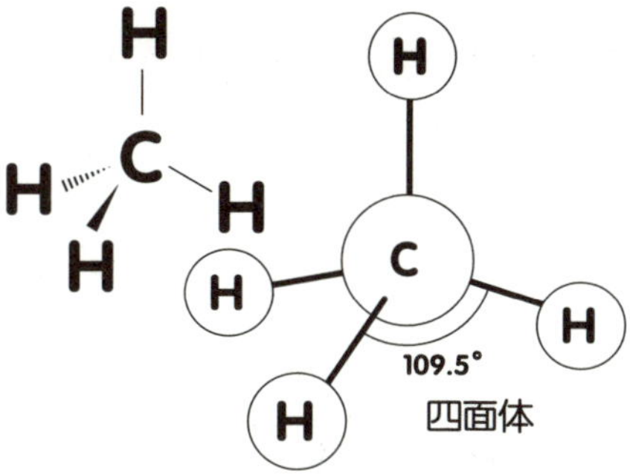

碳价四面体学说

当碳原子以单键与其他四个原子连接时，空间取向为正四面体构型。每个碳原子位于正四面体的中心，四个价键伸向正四面体的四个顶点。若和碳原子键结的四个原子都是同一种原子（例如甲烷 CH_4），则其键角为 109.5°。

想一想

试着用铅笔或吸管搭建一个四面体模型，再想象无数个这样的四面体“锁”在一起，为什么这种结构很难被外力破坏？

——听说您热爱诗歌，尤其崇拜浪漫主义诗人拜伦？

范托夫：确实如此。诗歌教会我在看似平凡的事物中发现非凡之处。正是这种想象力让我设想碳原子如何在空间中连接，进而提出碳价四面体学说。科学与诗歌一样，都是对世界深层结构的探索。

——您的立体化学理论在初发表时并未被广泛接受，还遭到科尔贝等权威人士的尖锐批评。您当时是怎么面对这些质疑的？

范托夫：那时候我刚获得博士学位不久，还在乌得勒支的兽医学院任教，一边讲课一边坚持研究。我还记得那篇讽刺性的评论，把我比作骑着飞马离开兽医学院的幻想家。坦率说，批评让我一度动摇，但我更确信，空间本身就是化学的关键维度。没过几年，我的理论便得到了大家的支持和认可。

历史盲盒

官能团

洛朗

有机化合物分子中比较活泼、容易发生反应并反映着某类有机化合物共性的原子或原子团。

姓　名　洛朗（Auguste Laurent，1807—1853）

国　籍　法国

贡　献　发现并分离出蒽；发明蒽氧化制蒽醌法和萘氧化制邻苯二甲酸酐法；研究并发展了有机化合物的系统分类法

原理解读

官能团：有机化合物的“功能配件”

在有机化学中，理解一种物质的结构和性质，常常需要从两个方面入手：碳骨架和官能团。我们可以把碳骨架想象成有机物分子的主体，而官能团则像是安装在上面的配件，决定了最终能“造”出什么。比如装上轮子，它就成了汽车；装上机翼，它就成了天上的飞机。官能团是赋予有机化合物特定性质的关键。例如，羧基（—COOH）能让分子表现出酸性，因此，大多数含羧基的有机物都属于有机酸。

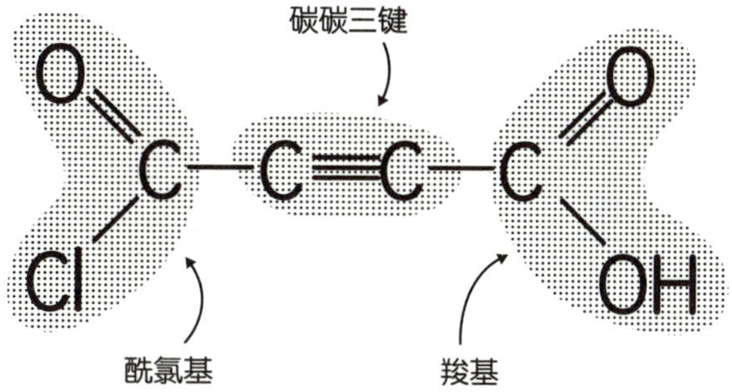

碳骨架和官能团

洛朗：提出“核取代理论”

19 世纪，法国化学家杜马在研究蜡烛燃烧现象时发现，氯气中的氯原子能在不破坏有机物碳骨架的前提下取代其中的氢原子。这一现象挑战了当时对有机物结构的传统理解。

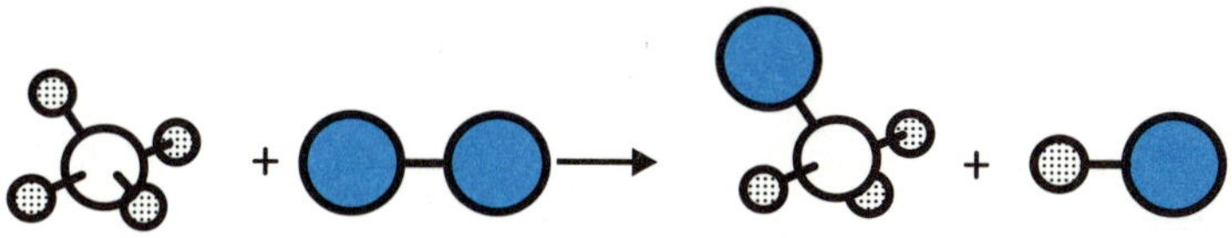

$CH_4 + Cl_2 \longrightarrow CH_3Cl + HCl$

他的学生洛朗进一步研究这种取代反应，提出“核取代理论”：有机化合物由一个稳定的碳氢“核心”（比如苯环 C_6H_6）构成，外围的氢原子可以被不同的官能团替换，从而形成一系列具有不同性质的衍生物。比如，苯环上的氢被氯取代可得到氯苯，被硝基（$—NO_2$）取代可得到硝基苯。他还通过研究甲苯的硝化反应，发现可生成三种异构体（邻、间、对硝基甲苯），进一步证明不同取代基在苯环上的位置会显著影响化学性质。这套思路，为现代有机化学中“结构决定性质”的理论奠定了基础。

知识沉淀

官能团

有机化合物分子中具有特定化学性质的原子或原子团，它们决定了该化合物的主要反应类型和物理化学性质。

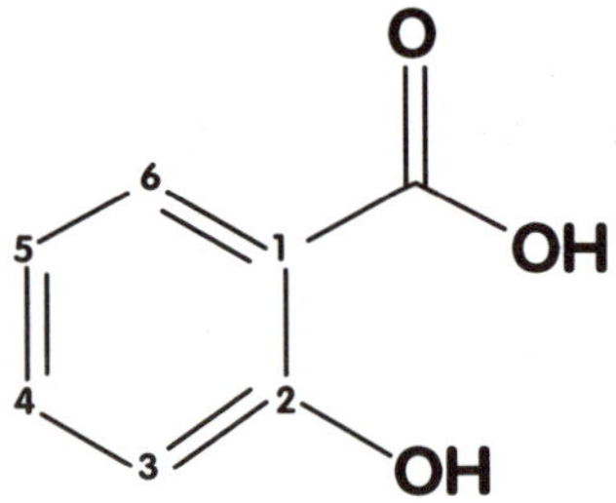

想一想

在可乐、醋、维生素C里，你觉得哪种有机物可能含有“羧基”这个酸性官能团？为什么？

——在您提出“核取代理论”时，遭遇了当时主流化学界的质疑。您是如何应对这些挑战的？

洛朗：确实，我的理论挑战了当时流行的“二元论”，这引来了包括贝采利乌斯在内的多位权威人士的批评。但我坚信，化学反应中原子团的结构和排列对物质性质有着决定性的影响。面对质疑，我选择继续深入研究，并与志同道合的同事合作，推动有机化学的发展。

——您曾在波尔多大学任教，并在那里度过了职业生涯中最富成果的时期。能否分享一下那段经历？

洛朗：1838 年，我被任命为波尔多大学的化学教授。虽然起初对离开巴黎感到不舍，但在波尔多的七年成为我科研生涯中最为高产的时期。在那里，我深入研究了芳香族化合物，提出了有机化合物分类的新方法，并撰写了《化学方法》等重要著作。这段经历不仅丰富了我的学术成果，也为后来的化学研究奠定了基础。

历史盲盒

手性结构 巴斯德

如果一个分子不能通过旋转、平移的操作和它的镜像体相互重叠，那么这个分子具有手性。

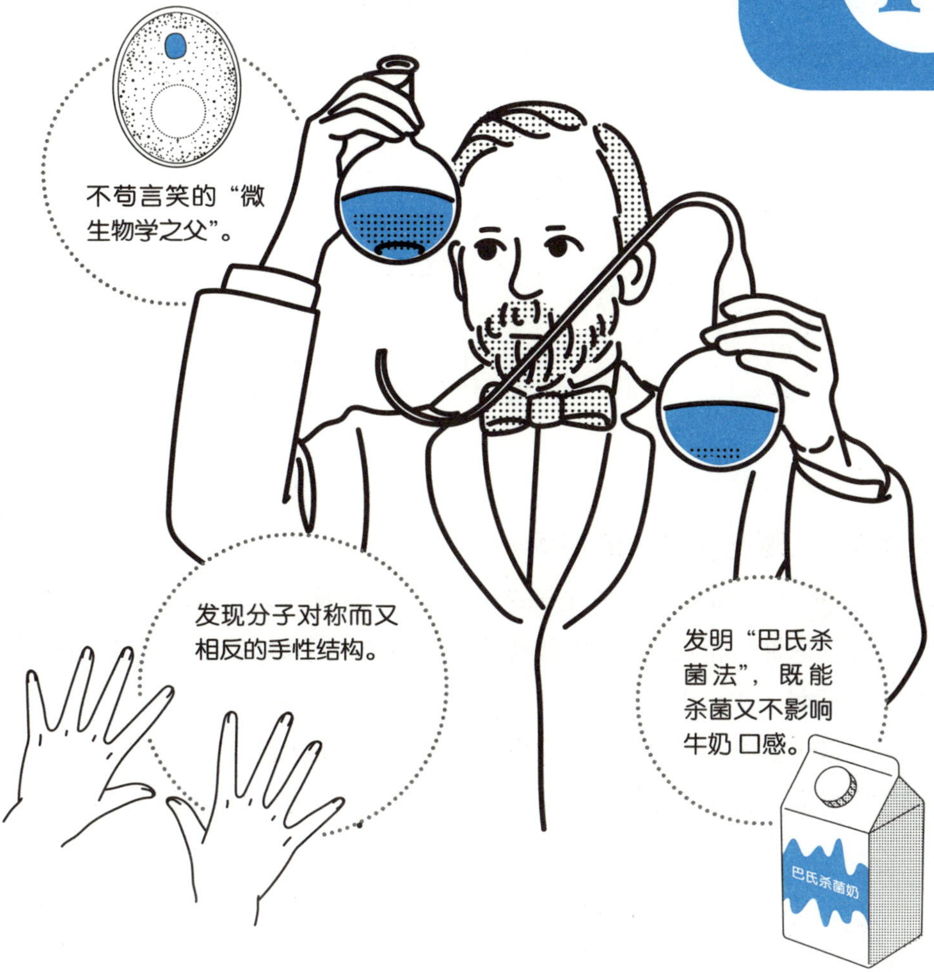

姓　名　巴斯德（Louis Pasteur，1822—1895）

国　籍　法国

贡　献　创立病原学，打开预防医学的大门；发明狂犬病疫苗；发现手性分子

原理解读

对称但不相同

什么是手性结构？如果我们低头看看自己的双手，会发现双手几乎是完全对称的，但是当我们想要同时掌心朝下把手重叠在一起的时候，却发现两只手无法完全重合。

在化学世界中，也有像左右手这样互为镜像却无法叠合的分子，这样的一对分子被称为手性异构体（也称对映异构体）。 这种看似微小的结构差异，往往会使分子性质产生巨大差别，在生物活性、药理作用等方面可能表现出天壤之别。

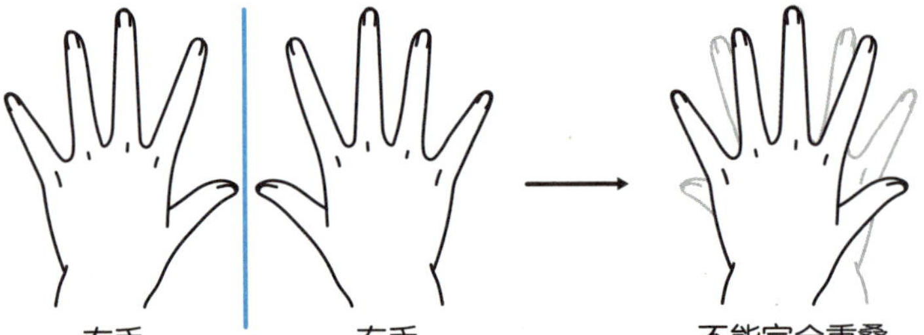

巴斯德的实验：藏在光线中的不同

酒石酸是一种赋予葡萄酒独特酸味的有机酸。巴斯德发现，从葡萄中提取的天然酒石酸具有光学活性，能使偏振光的偏振面发生旋转，而实验室合成的酒石酸则没有光学活性，表现得“对光线毫无反应”。

为了解释这一差异，巴斯德仔细观察了这两种酒石酸的晶体。他发现：合成酒石酸其实是由两种互为镜像的晶体混合而成的，就像我们的左手和右手，看起来对称，但不能完全重叠。这两种晶体会分别让光顺时针和逆时针旋转，结果正好互相抵消，看起来就像没有旋光性。而天然酒石酸只含有其中一种类型的晶体，所以能够让光偏转，表现出明显的光学活性。

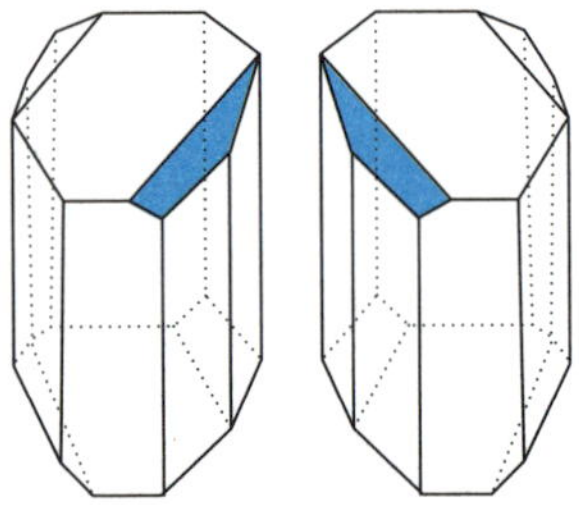

一对手性酒石酸盐晶体

知识沉淀

手性

指物体与其镜像体看似对称，但无法通过旋转或平移使其完全重叠的特性，类似于左右手的关系。这种特性广泛存在于自然界，具有重要的科学意义和应用价值。

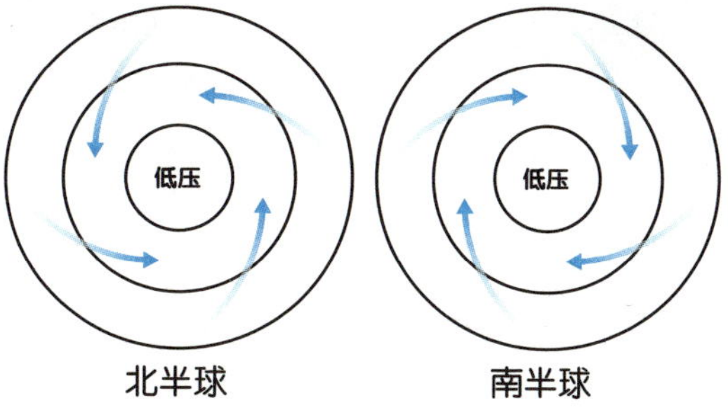

中国科学家发明了一种新的技术，可以将手性引入原本不具有手性的石墨烯材料之中。通过可控的角度对石墨烯进行卷曲，从而制备出具有特定手性的石墨烯卷。这种材料在自旋电子学领域有着特殊且广泛的应用。

——狂犬病疫苗拯救了无数人的生命，能介绍一下您当时研制狂犬病疫苗的过程吗？

巴斯德：那个时候，人们还不知道狂犬病是一种病毒性疾病。但是根据研究，我知道受感染的动物体内存在侵染性的物质。将这些物质注射给兔子，再将这些兔子身体中活性不高的病毒注射给狗，就能使狗获得对正常强度狂犬病的免疫。我很高兴我的这些研究能够挽救那么多的生命。

——我们现在经常听到的“巴氏杀菌法”也是您的发明。您是怎么想到这个方法的呢？

巴斯德：当时有家葡萄酒厂酿出的葡萄酒总是会莫名其妙变酸，就来请我帮忙。我在显微镜下发现酒里除了有用的酵母菌，还有一种“捣乱分子”——乳酸杆菌，正是它们让葡萄酒变酸。多次实验后，我发现将葡萄酒加热到五六十度，并保持半个小时左右，就能杀死其中的乳酸杆菌，又不会影响葡萄酒原本的风味。现在你们经常在牛奶、果汁的包装上看到的“巴氏杀菌法”，就是以我的姓氏命名的。

历史盲盒

烷烃

肖莱马

含氢最多的烃，通式为 C_nH_{2n+2}。分子中的所有碳原子都以碳碳单键相连，是只含碳、氢两种元素的有机化合物。

姓　名　肖莱马（Carl Schorlemmer，1834—1892）

国　籍　德国

贡　献　对脂肪烃进行系统研究；证明了碳的四价的同一性；发现了仲醇转变成伯醇的普遍反应

原理解读

烷烃：有机化学界的“新手村”

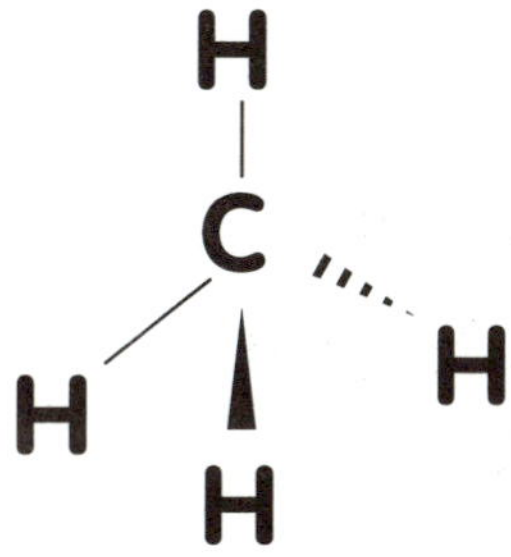

烷烃中碳原子杂化方式

有机化学研究对象涵盖各类分子，既有仅含五个原子的甲烷（CH_4），也有结构庞大的聚合物。了解有机化学，通常从最基础的烷烃入手。

烷烃是最基础的有机化合物类别，结构简单：碳原子通过单键形成链状骨架，其余价键都与氢原子相连。其分子中的碳原子都采取 sp^3 杂化。这一杂化方式使碳原子形成四个相同的化学键，呈正四面体立体结构排布，力求空间对称性最大化。

烷烃的分子秘密

从 1862 年开始，肖莱马就将目光投向石油中的烷烃，从中分离出戊烷（C_5H_{12}）、己烷（C_6H_{14}）等化合物，并对其熔点、沸点、密度等物理性质进行精密测量。通过大量实验，他发现不仅所有烷烃都符合 C_nH_{2n+2} 的分子式（如甲烷 CH_4、乙烷 C_2H_6），还展现出可预测的物理性质变化规律：最简单的甲烷在常温下为稳定的无色无味气体，难溶于水且极易燃烧；随着碳链增长，烷烃的状态逐渐由气态转为液态、固态。

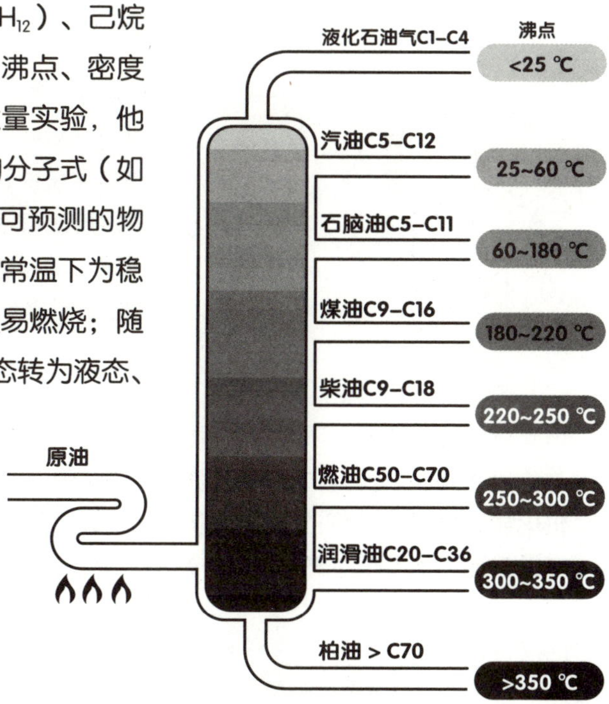

肖莱马还通过制备卤代烃等衍生物，证明烷烃虽化学性质稳定，却可通过化学反应转化为其他物质。这些发现既解释了天然气、汽油等燃料的特性，也为石油化工技术奠定了理论基础。

知识沉淀

烷烃

含氢最多的烃，通式为 C_nH_{2n+2}。分子中的碳原子都以碳碳单键相连，其余的价键都与氢原子结合而成的有机化合物。

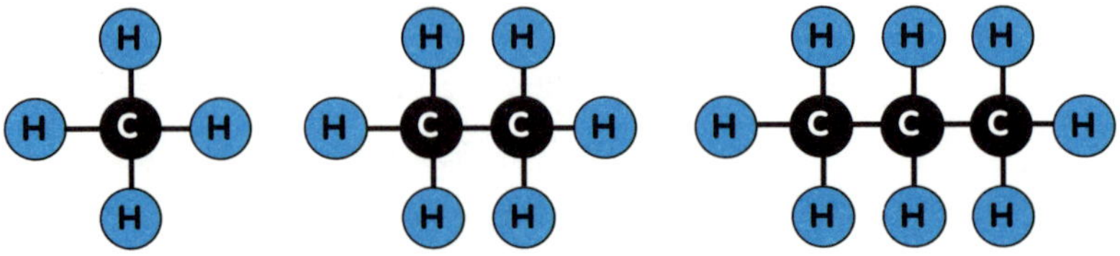

想一想

一般来说，家用液化气罐中是丙烷和丁烷的混合物。在法国的一些地区，夏季可能增加丁烷的含量，而冬季则提高丙烷的含量。这和烷烃的结构有什么关系？

历史盲盒

——您为什么会选择撰写有机化学史？那时难度应该很大吧！

肖莱马： 确实很有挑战性。当时几乎没有可以参考的化学史著作，而有机化学又在迅速发展，资料庞杂，理论复杂。但我一直对这门学科的发展历程很感兴趣，在教学中也常引导学生思考这些问题。于是我动手整理资料，撰写了《有机化学的产生和发展》。作为多年积累与思考的成果，这本书颇受学界认可。

——听说您和马克思、恩格斯是至交好友，是真的吗？

肖莱马： 确实如此。我与马克思和恩格斯的友谊深厚，我们常常一起探讨自然科学与哲学的问题。我致力于将唯物辩证法应用于有机化学研究，坚信脂肪烃是揭开有机化学领域多种秘密的钥匙。恩格斯十分赞同我的研究方法，认为我挑选了有机物中最单纯的物质作为研究对象，并坚信这能够奠定有机化学的基础。

苯环结构 凯库勒

苯分子的结构为平面正六边形，每个顶点是一个碳原子，每个碳原子和一个氢原子结合。分子式为 C_6H_6。

姓　名　凯库勒（Friedrich August Kekulé，1829—1896）

国　籍　德国

贡　献　提出有机物分子中碳原子的化合价为四价，碳原子间可以相连成碳链，为现代结构理论奠定基础；第一次提出苯的环状结构理论

原理解读

香水的气味：芳香烃留下的踪迹

你有没有好奇过，香水中的香气从何而来？其实，许多香水中都添加了芳香烃类化合物。

芳香烃是指分子中含有一个或多个苯环的烃类化合物，其中最简单的代表就是苯分子。最初，科学家们从植物精油中分离出这类物质，它们大多具有宜人香气，“芳香烃”之名也由此而来。

凯库勒：梦中得来的大发现

凯库勒原本学习建筑，后来转而研究化学。1865年，当凯库勒开始研究苯分子结构时，那些空间想象与结构设计的素养，让他在分子世界的探索中如鱼得水。据他本人回忆，他在梦中看到了一条咬住自己尾巴的衔尾蛇 。这个首尾相连的形象给了他极大的灵感，醒来之后，凯库勒便提出了划时代的苯环结构理论——六个碳原子首尾相连形成完美的六边形环状结构。这一创见不仅解开了苯分子结构的谜团，更为芳香烃类化合物的研究奠定了理论基础。

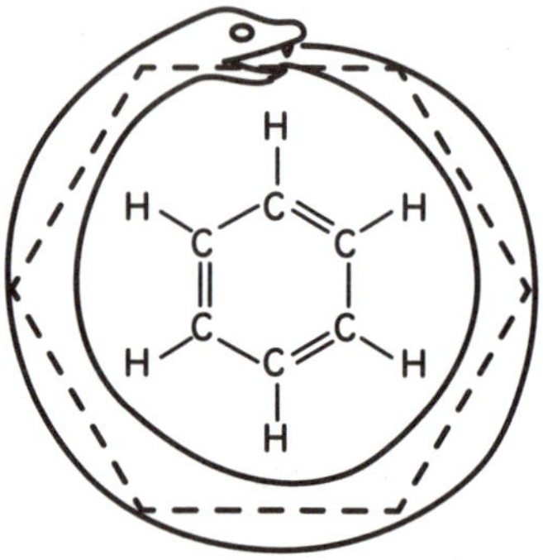

梦里的苯环结构

苯环结构：优美的六边形

苯在常温下是一种具有强烈芳香气味的无色透明液体，具有毒性，难溶于水且易挥发。苯分子为完美的正六边形结构，每个碳碳键的键长均一致。凯库勒认为，苯环中有三个双键来维持稳定，可是这种结构还是无法解释一些问题。之后的研究表明，苯分子中不存在传统的单双键交替结构，而是形成了一个环状离域的大 π 键体系，使得苯的分子结构高度对称且稳定。这种结构被称为鲍林式。

凯库勒式

鲍林式

知识沉淀

苯环

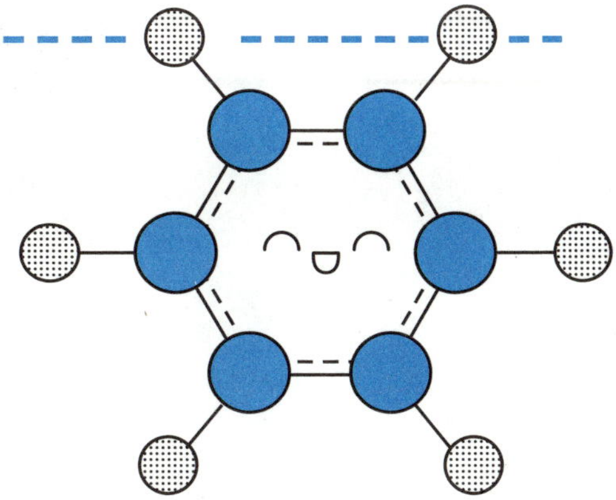

苯分子的结构为平面正六边形，每个顶点是一个碳原子，每一个碳原子和一个氢原子结合。分子式为 C_6H_6，是第一个被发现并研究的芳香族化合物。

芳香烃

具有芳香性的烃被称为芳香烃，一般是指分子中含有苯环的烃类化合物。

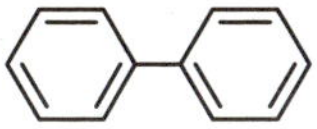

联苯

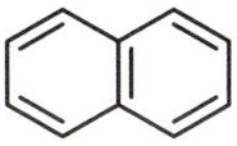

萘

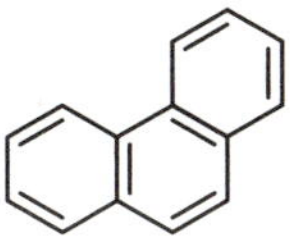

菲

想一想

生活中还有什么东西和苯环一样，是正六边形的？

——您当时为什么会转去研究化学呢？

凯库勒：在我上大学的时候，我的志向是成为一名建筑师。可是一次偶然的机会，我旁听了李比希教授利用化学知识，审理了一起盗窃案。他的逻辑无懈可击，让我对他产生了由衷的敬佩之情。所以我决定去上他的化学课程，由此，我对化学的兴趣便一发不可收拾。

——您当时转专业时，家人持什么态度呢？

凯库勒：在我刚刚决定把化学研究作为毕生事业的时候，我的家人都坚决反对。甚至我不能继续在吉森大学学习，不得不转入另外一所高等工艺学校。在那段时间，我继续坚持学习化学，终于让家人看到了我的决心，最终我重返吉森大学，获得了博士学位。

历史盲盒

羧酸

科尔贝

由烃基（或氢原子）与羧基（—COOH）相连而构成的有机化合物。

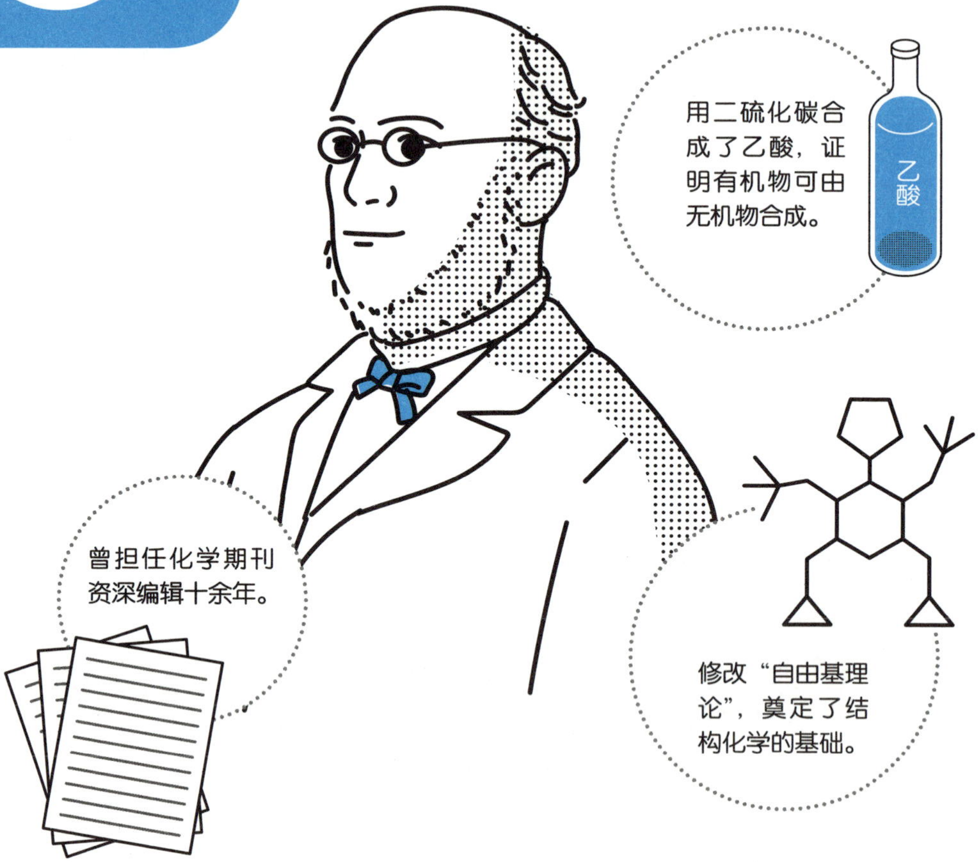

姓　名　科尔贝（Adolph Wilhelm Hermann Kolbe，1818—1884）

国　籍　德国

贡　献　发现科尔贝电解反应、科尔贝－施密特反应、科尔贝腈合成法等一系列新兴有机反应；改进“自由基理论”，预测仲醇和叔醇存在并被证实

原理解读

科尔贝：有机化学“合成”的提出者

尽管维勒早在 1828 年就通过氰酸铵合成尿素，打破了“生命力学说”的光环，但直到 19 世纪 40 年代，仍有不少学者坚信有机物只能由生命体创造。德国化学家科尔贝则持不同观点，认为有机物可以由无机物合成而来。1845 年，他利用二硫化碳、氯气等无机原料，首次人工合成了乙酸，开创了有机合成的新纪元。他是将“合成”一词引入化学领域的第一人，并赋予其“通过人工反应构建复杂分子”的现代含义。这些里程碑式的工作，让人类真正掌握了有机分子构建的主动权。

无处不在的羧酸

除了乙酸，科尔贝还通过“科尔贝－施密特反应”制出水杨酸，是合成药物阿司匹林的关键成分。乙酸和水杨酸的分子中都含有羧基，这类有机物统称为羧酸。羧酸在生活中处处可见，应用极其广泛：酸奶的酸味来自乳酸，食醋的酸味源于醋酸（乙酸），柠檬的酸味则来自柠檬酸，蚂蚁叮咬时会释放蚁酸（甲酸），化妆品里含有果酸……

蚁酸

醋酸

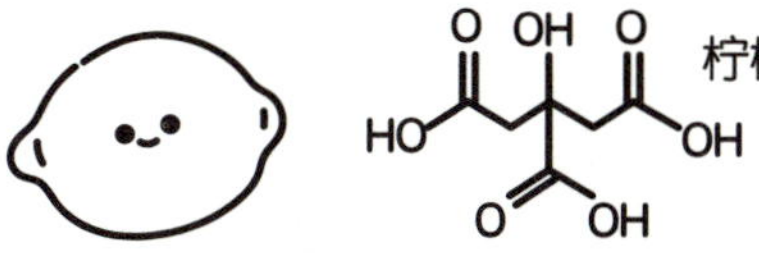

柠檬酸

在工业与农业领域，羧酸更是发挥着关键作用：环保领域中，以乳酸为原料合成的聚乳酸（PLA）可降解塑料，其分子中的羧基和羟基（—OH）通过酯化反应形成高分子链以维持机械强度，还能在微生物作用下降解，减少白色污染；农业科技中，部分羧酸类物质可作为植物生长调节剂，精准调节作物的生长周期与发育节律。

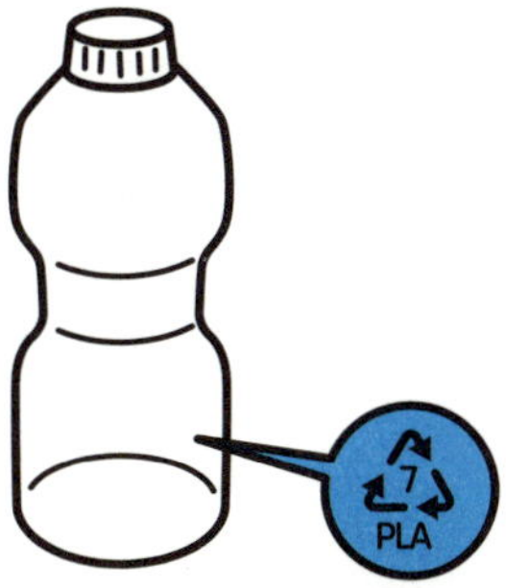

知识沉淀

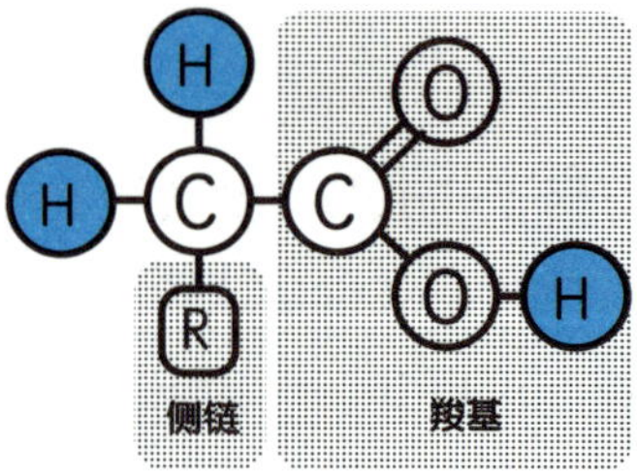

羧酸

烃基或氢原子与羧基（—COOH）相连而成的有机化合物的总称。

想一想

为什么食醋（含乙酸）能轻松溶解水垢（主要成分为碳酸钙），而同样含有羟基（—OH）的酒精（乙醇）却毫无作用？这一现象如何体现羧酸的结构特性？

——您的研究为后世的有机化学做出了巨大的贡献，您当初预料到了吗？

科尔贝：说实话，我没想过这么多。记得在大学任教时，我总在深夜点着本生灯观察反应釜。有次学生发现我凌晨三点还在记录苯酚钠的结晶形态，开玩笑说“教授的眼睛比本生灯还亮”。正是这些积累让合成水杨酸成为可能。科学的传承就像有机物的合成链，每个突破都是前人结晶的延伸。

——您似乎在杂志上犀利点评过不少同行的研究，包括凯库勒的苯环结构，是真的吗？

科尔贝：当时我质疑苯环结构，是因为它缺乏实验依据。科学不能只靠做梦和想象吧！也许我错看了这项研究的潜力，言辞也有些犀利了，但我的批评，是出于对科学严谨的坚持。

历史盲盒

高分子链学说

施陶丁格

高分子链是众多小分子通过共价键连接而成的链状分子。

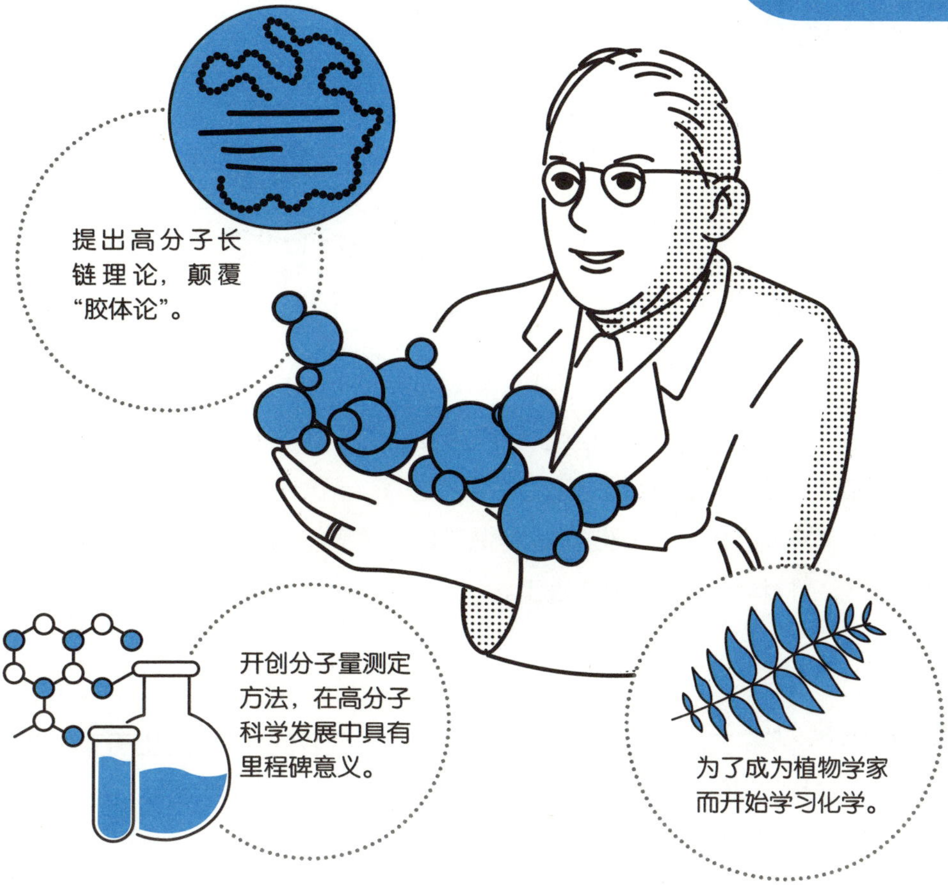

姓　名　赫尔曼·施陶丁格（Hermann Staudinger，1881—1965）

国　籍　德国

贡　献　提出了大分子的概念；奠定了高分子化学的基础

原理解读

高分子链学说：争议之中开出的花朵

在 20 世纪初，虽然人们早已开始使用高分子材料，但科学界对其本质的认识仍停留在“胶体论”阶段。当时的学者们认为，这些物质是胶体中的小分子由于分子间吸引力临时聚集形成的缔合体，就像几颗磁铁由于相互吸引而聚在一起。1922 年，施陶丁格大胆提出革命性理论：高分子实际上是单体通过聚合反应组成的长链大分子，就像用无数珍珠穿起的项链。这一观点立即遭到传统胶体学派的强烈反对，双方在学术会议上展开了长达数年的激烈辩论。

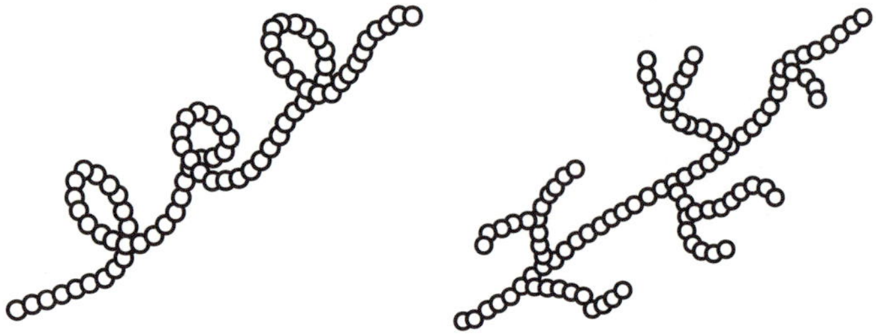

线性结构　　支链结构

转折发生在 1926 年，瑞典科学家利用新发明的超速离心机，首次精确测定蛋白质的分子量高达数万乃至数百万，远超普通小分子。这一铁证彻底粉碎了“胶体论”的根基，为施陶丁格的高分子长链理论提供了决定性支持。这场持续数年的学术之争，最终推动了整个材料科学的革命性进步。

无处不在的高分子

高分子是分子世界中名副其实的“巨人”。这些庞然大物的相对分子质量往往超过 10 万，是普通小分子的数百甚至数千倍。

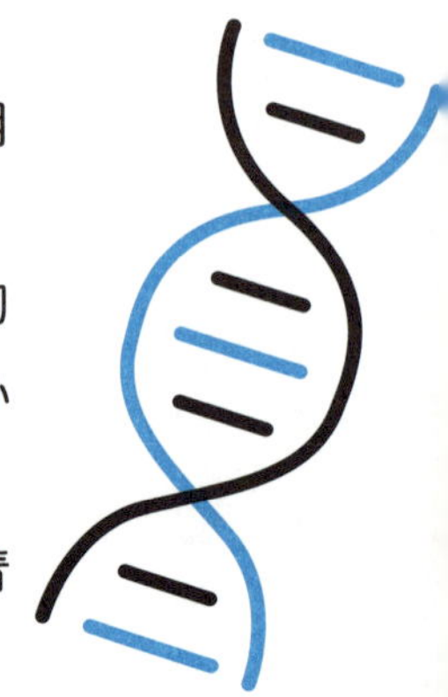

高分子科学虽然仅有百年历史，却早已悄然渗透进我们生活的各个角落：随手撕开的食品包装袋，户外徒步时穿的防水外套，办公室里敲击的键盘按键……其实，我们的生命活动也离不开它，DNA、蛋白质、磷脂等都是高分子杰作。这些分子“巨人”支撑着日常生活与生命活动，彰显着高分子科学不可动摇的地位。

知识沉淀

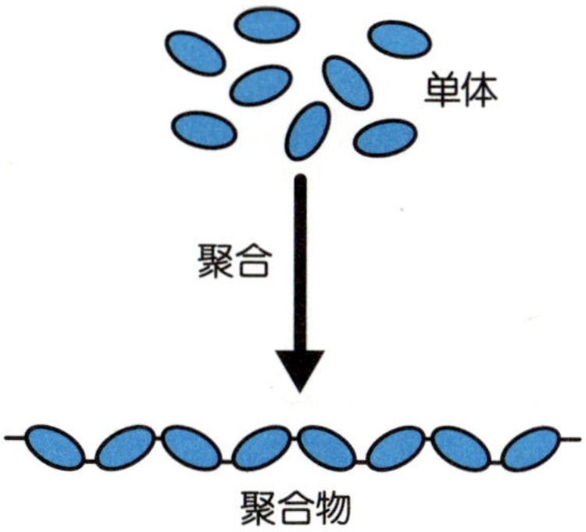

高分子链

由一种或多种单体通过缩聚反应或加聚反应连接而成的链状分子。

想一想

为什么保鲜膜质地柔韧，而塑料盆却坚硬挺括？它们的差异和高分子链有什么关系？

——听说您一直致力于推动高分子学科的教育普及？

施陶丁格：没错。1953 年获诺贝尔奖后，我在高分子研究所推动大学课程改革——首次将“高分子化学”设为独立学科，而非有机化学的附属。至 20 世纪 60 年代，全球已有 30 余所高校设立高分子专业。这些对“高分子科学”的独立地位产生了重要的支撑作用。

——您如何看待高分子化学与环境保护的矛盾？

施陶丁格：我们创造了高分子的奇迹，也埋下了环境隐患。后来，我提出“可控降解高分子”概念，设想通过化学修饰使链段易被微生物分解。尽管当时技术受限，但这一理念启发了后来的聚乳酸等生物基材料研究。科学家的使命不仅是创造新物质，更要确保它们与地球生态兼容。

历史盲盒